HYDROKULTUR

Mit Anhang Jungpflanzen

Gerhard Baumann

parkland

Meinem langjährigen Mitarbeiter, Andreas Bruppacher, Gartenbauingenieur HTL, sowie dem Verlagsredaktor Christian Bachmann danke ich für die unermüdliche und angenehme Mitarbeit recht herzlich.

G. B.

Umschlagfoto: Rolf Schläfli

Fotos:
Foliage Education and Research Foundation Inc., Apopka (USA): 55
Jürg Hafen/Interhydro: 6, 36
Hunziker & Cie AG, Olten: 19
Hydro Rotter, Wiesbaden: 27, 89
Hydroplant AG, Gossau: 12, 53
Interhydro AG (Stammhaus für Luwasa-Hydrokulturen), Bern: 20, 22, 24, 31, 46, 61, 63, 64, 79, 80, 81, 84, 86, 91, 93, 95, 96, 97, 98, 99, 102, 104, 108
Osram AG, Winterthur: 41, 43
Rolf Schläfli/Interhydro: 15, 68—75

Zeichnungen:
Dr. Blaicher, Mannheim: 35
Interhydro AG, Bern: 17, 30, 33, 34, 38, 49, 50, 93, 95, 101
Beatrix Hostettler: 8, 25, 57, 58, 60, 65, 106

Redaktion: Christian Bachmann

parkland

6. Auflage, 1992

Herstellung: Druckerei Ernst Uhl, Radolfzell
ISBN 3-88059-668-9

Inhalt

Gerhard Baumann, geboren 1937, wohnt in Ittigen bei Bern. Nach einer Ausbildung als Baufachmann und Kaufmann arbeitete er drei Jahre lang im elterlichen Baugeschäft und entwickelte dann in den sechziger Jahren das erste funktionierende Hydrokultursystem für Raum- und Außenbegrünung, bekannt unter der Markenbezeichnung «Luwasa Hydrokultur». Neben seiner beanspruchenden Tätigkeit als Innovator und Firmenmitinhaber im Berner Stammhaus der Interhydro AG sowie dem Institut für Umweltpflege AG beschäftigt er sich seit mehr als einem Jahrzehnt mit den heute so aktuellen Fragen des Umweltschutzes, des Recyclings und mit der Entwicklung von Produkten für den naturnahen Land- und Gartenbau. Sein Ziel ist dabei dasselbe wie bei der Hydrokultur: Auch der umweltbewußte Laie ohne ausgeprägten «grünen Daumen» soll sich an gärtnerischen Erfolgen freuen können.

Vorwort

Wer sich mit der heute so aktuellen Hydrokultur von Zimmerpflanzen befaßt, ist sich meistens gar nicht bewußt, wie viele Schwierigkeiten zu überwinden waren, bis dieses moderne Kulturverfahren seine heutige weltweite Bedeutung erlangen konnte. Es war Gerhard Baumann, der Verfasser des vorliegenden Taschenbuches, der die Anzucht von Pflanzen in Blähton mit Hilfe geeigneter Nährlösungen zuerst praktizierte. Ungeachtet mancher Rückschläge entwickelte er im Rahmen der Luwasa-Hydrokultur ein vollständiges Anzucht- und Kultursystem. Er tat dies mit technischem Geschick, Beharrlichkeit und Einfühlungsvermögen. Das ist bewundernswert, wenn man bedenkt, daß er ursprünglich auf dem Gebiet der Pflanzenzucht ein oft belächelter Außenseiter war. Heute hat sein System viele Nachahmer gefunden.
Das vorliegende, schon längst fällige Taschenbuch aus erster Hand ist ein leichtverständlich geschriebener Ratgeber für alle, die sich schnell und gut über dieses neuzeitliche Pflanzenzuchtverfahren informieren wollen. Bewußt sind alle wissenschaftlichen Formulierungen weggelassen und durch einfache Darstellungen ersetzt. Hervorzuheben sind die vielen praktischen Hinweise und Erkenntnisse, die sich aus der langjährigen Entwicklungs-, Beratungs- und Betreuungstätigkeit ergeben haben. Hier ist nichts abgeschrieben; das Gesagte basiert auf eigenen Beobachtungen und Erfahrungen. Interessant sind in diesem Zusammenhang unter anderem die Ausführungen zum Auffinden der Ursachen von Mißerfolgen und die entsprechenden Empfehlungen, wie diese Ursachen zu bekämpfen sind. Auch die Abschnitte über Pflanzenvermehrung, Umstellen von Erd- auf Hydrokultur und über Freilandhydrokultur sind besonders erwähnenswert. Alles in allem ein kleines Handbuch, das in knapper Form das für den Pflanzenfreund Wichtige zusammenfaßt. Wer danach handelt, wird Erfolg und Freude an seinen Pflanzen haben.

Prof. Dr. Franz Penningsfeld, Freising-Weihenstephan

Pflanzen ohne Erde

Wovon leben eigentlich die Pflanzen? Der altgriechische Philosoph Aristoteles beantwortete diese Frage genauso wie auch heute noch viele Garten- und Blumenfreunde: «Von Erde.» Doch schon vor mehr als hundert Jahren fanden einige Gelehrte durch Experimente heraus, daß das nicht stimmen konnte. Heute hat die Wissenschaft diese Frage eindeutig beantwortet: Pflanzen ernähren sich von Wasser und den darin aufgelösten Mineralstoffen. Den Kohlenstoff, wichtigster Baustein des pflanzlichen Gewebes, nehmen sie aus der Luft auf (mehr darüber im Kapitel «Der Lichtbedarf», S. 37 ff.).
Das Wasser ist die Wiege aller Lebewesen. Das war schon vor vielen hundert Millionen Jahren so, als sich in den Urmeeren die ersten Algen entwickelten, die Vorläufer der heutigen Pflanzen. Als dann die Pflanzen im Verlaufe von Jahrmillionen das Festland zu erobern begannen, änderte sich an ihrer Ernährungsweise im Grunde nur sehr wenig: Anstatt in ihrer Nährlösung zu schwimmen, saugten sie diese mit ihren Wurzeln aus den Ritzen von Felsen und aus dem Boden, in dem sie sich verankerten. «Mutter Erde» bietet den Pflanzen also zweierlei: eine Unterlage (Substrat) und einen Speicher für Wasser und Nährstoffe, die teils im Wasser gelöst, teils in unlöslicher Form vorhanden sind.
Pflanzen können nur die wasserlöslichen Nährstoffe direkt aufnehmen. Die nicht wasserlöslichen dienen als Reserve und sind in organischen und mineralischen Bodenbestandteilen eingelagert, aus denen sie durch physikalische, chemische und biologische Prozesse herausgelöst werden können.
Auf diese Tatsache stützt sich eine in den letzten Jahrzehnten praxisreif entwickelte neue Methode der Pflanzenhaltung, die *Hydrokultur.* Der Ausdruck stammt vom griechischen Wort *hydor* (= Wasser) ab, bedeutet also eigentlich «Wasserkultur». Man versteht darunter das Kultivieren lebender Pflanzen ohne Erde in einer Nährlösung, wobei die Wurzeln in einem strukturstabilen, anorganischen und fäulnisfesten Substrat eingebettet sind.

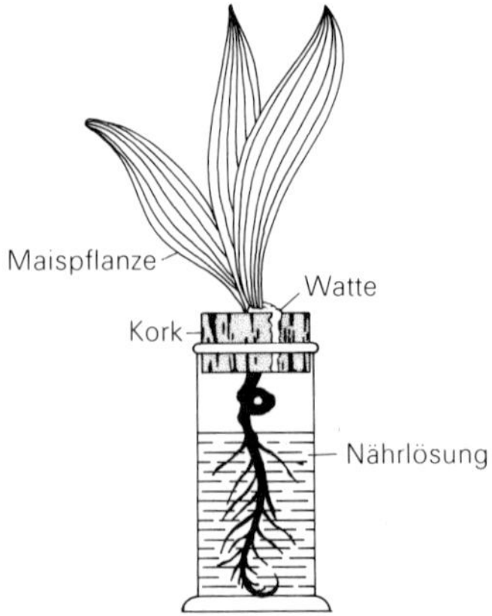

Oben links: Versuchsgefäß von Sachs.

Oben rechts: Glasgefäß «Plantanova» von Samen Vatter, Bern, aus den fünfziger und sechziger Jahren. Die Pflanzenwurzeln wurden durch Gittereinsätze aus Kunststoff mit Granitsplitt- oder Bimskiesfüllung festgehalten. Durchsichtige Glasgefäße sind heute wegen Algenbildung kaum mehr gefragt.

Die ersten brauchbaren Versuche in diese Richtung unternahmen die Professoren Wilhelm Knop, Leiter der Landwirtschaftlichen Versuchsstation Leipzig-Möckern, und Julius Sachs vom Botanischen Institut der Universität Bonn 1860. Damals schlug die Geburtsstunde der modernen Hydrokultur. Dies war dem Umstand zu verdanken, daß es Professor Knop gelang, eine einigermaßen brauchbare Nährlösung herzustellen. Doch für die Praxis zeichneten sich zunächst noch keine Verwendungsmöglichkeiten ab.
Erst der amerikanische Professor William Gericke setzte hier neue Impulse. An der Universität von Berkeley, Kalifornien, begann er neue Methoden für den Gemüsebau zu entwickeln. Im Jahr 1929 gelang es ihm, in Trögen, die mit Nährlösung gefüllt waren, in großen Mengen Tomaten, Gurken und andere Gemüse zu ziehen.

Eine größere Bedeutung erlangte diese sogenannte Hydroponikmethode allerdings nicht. Nur in Extremsituationen begann sie sich durchzusetzen, dort aber mit großem Erfolg. So konnte die amerikanische Marine damit im Zweiten Weltkrieg auf völlig unfruchtbaren kleinen Pazifikinseln Gemüse ziehen, um ihre dort stationierten Truppen zu versorgen. In Europa leistete nach dem Krieg vor allem Professor Dr. Franz Penningsfeld an der Fachhochschule Weihenstephan mit verschiedenen Hydrokultursubstraten große Pionierarbeit. Der Gemüsebau ohne Erde findet heute einerseits in Gewächshausbetrieben der hochzivilisierten Länder Nordeuropas und anderseits in trockenen Steppengebieten mit Mangel an Humus und Wasser eine zunehmende Verbreitung. Der Anteil des in Hydrokultur gezogenen Gemüses beträgt aber nach wie vor nur wenige Prozente der Gesamtproduktion. In Holland stehen etwa 500 ha Gemüse und Schnittblumen unter Glas in Hydrokultur.

Das Luwasa-Hydrokultur-System

Im Gegensatz zum Gemüsebau hatte die Hydrokultur bei den Zimmerpflanzen jahrzehntelang praktisch keine Bedeutung. Zwar gab es immer einen kleinen Kreis von Enthusiasten, die mit verschiedenen Substraten und Nährlösungen experimentierten. Doch für die «Normalverbraucher» unter den Pflanzenfreunden war die Methode eindeutig zu kompliziert, um zu Erfolgen zu kommen. Dies änderte sich erst 1959 mit der Entdekkung des Blähtons als Kultursubstrat (s. S. 18ff.) und mit der Einführung des Luwasa-Hydrokultur-Systems. Erst diese Erfindung durchbrach die bei Gärtnern und Liebhabern gleichermaßen vorhandene psychologische Barriere, nämlich die Idee, daß Pflanzen «natürlicherweise» in Erde wachsen müßten.
Begonnen hatte das Ganze im elterlichen Baugeschäft, wo ich als Bauführer unter anderem auch mit Fassadenrenovationen zu tun hatte. Ein Hauptgrund für die Verschmutzung der Fassaden war der Blumenschmuck an den Balkonen: Das Wasser, das durch die Bodenlöcher der Blumenkisten herausfloß, führte zu häßlichen Streifen von Algenwuchs an den Fassaden. Ich entwickelte deshalb ein neues, heute noch bewährtes Bewässerungssystem für Blumenkisten.

Durch diesen Erfolg motiviert, versuchte ich auch bei Zimmerpflanzen rationelle Bewässerungssysteme einzuführen. Bald erkannte ich, daß es dabei ganz auf Erde zu verzichten gilt, da automatisch bewässerte Erde in Wohnräumen meist schnell vernäßt, was zu Wurzelschäden führt.
Es folgten Vegetationsversuche mit verschiedenen damals in der Literatur beschriebenen Substraten: Bimskies, Stein- und Glaswolle, Basaltsplitt, Ziegelschrot, Vermiculit usw. Die meisten von ihnen wiesen entweder schlechte physikalisch-chemische Eigenschaften auf oder waren zu schwer und zu teuer. Eine Zeitlang verwendete ich Quarzsand als Substrat, wobei aber bereits die Pflanzenwannen mit Blähton aufgefüllt wurden. Aus dieser Zeit stammt auch der Name des Luwasa-Hydrokultur-Systems: *Lu*ft – *Wa*sser – *Sa*nd. Diese drei Komponenten mußten nämlich in optimaler Mischung vorhanden sein, wenn die Pflanze gut gedeihen sollte. Erst später, als ich Blähton als Kultursubstrat entdeckte, schlug die Sternstunde der modernen Hydrokultur.
Bis zum marktfähigen System war allerdings noch ein weiter Weg zurückzulegen. In langjähriger Versuchsarbeit, während der mein Hobby immer mehr zum Beruf wurde, mußten geeignete Rezepturen zur Herstellung der Nährlösung sowie das erforderliche Hydrokultur-Systemzubehör entwickelt werden: Pflanzengefäße aus verschiedenen Materialien für die jeweiligen Ansprüche, standardisierte Einsatztöpfe, Manschetten zum rationellen Auswechseln der Pflanzen, Absaugvorrichtungen, Meßgeräte, Pflanzenbestrahlungsarmaturen für schlecht belichtete Standorte und natürlich der außerordentlich wichtige Wasserstandsanzeiger.
Das Luwasa-Hydrokultur-System hat sich weltweit bei Großbepflanzungen in öffentlichen Gebäuden, Büros und Restaurants bewährt und erspart viele Unterhaltskosten. Auch private Pflanzenfreunde entdecken mehr und mehr die Vorteile der Hydrokultur. Inzwischen ist vor allem in der Bundesrepublik Deutschland eine ganze Anzahl von Hydrokultursystemen entstanden, die alle auf der Basis von Blähton arbeiten. Andere Substrate haben heute noch kaum praktische Bedeutung.

«Grüner Daumen» mit System

Schon die alten Römer zogen in ihren Villen Zimmerpflanzen. Ihre Methode unterschied sich kaum von der heute üblichen Erdkultur. Damals wie heute war hauptsächlich das Gespür, der «grüne Daumen» des Pflanzenfreundes, entscheidend dafür, ob seine Lieblinge gediehen oder dahinkümmerten. Es ist nämlich schwierig, in einem Blumentopf über längere Zeit ein gutes biologisches Gleichgewicht zu erhalten. Die Blumenerde, anfangs noch ein ziemlich ideales Gemisch, zersetzt sich mit der Zeit, reichert sich, je nach Qualität des Gießwassers und der verwendeten Düngemittel, mit verschiedenen Ballaststoffen an. Das Gießen selbst ist eine sehr heikle Angelegenheit. Wird zuviel gegossen, dann vernäßt und versauert die Erde, und der lebenswichtige Luftzutritt zu den Wurzeln wird unterbunden. Infolge Sauerstoffmangels faulen die Wurzeln, und kurze Zeit später welkt die ganze Pflanze und stirbt langsam ab. Wird anderseits zu wenig gegossen, dann verkrustet die Erde, und die Pflanzen verdorren.

Einen Ausweg aus diesen Schwierigkeiten bietet die Hydrokultur, und das wissen heute immer mehr Pflanzenfreunde zu schätzen. Man ist von der ständigen Sorge um mögliche Gießfehler befreit und kann so auf eine ganz neue, unbeschwerte Art seine Wohnung mit lebendigem Grün verschönern. Es ist wohl auch weitgehend das Verdienst der Hydrokultur, daß seit einigen Jahren der Trend zur künstlichen Begrünung deutlich abgeschwächt wurde.

Neben der einfacheren Pflege sind die größeren Gießabstände sicher der am meisten geschätzte Vorteil der Hydrokultur: Anstatt mehrmals pro Woche muß nur noch ein- bis dreimal im Monat, je nach Größe des Gefäßes, Art und Größe der Pflanze sowie Standort, nachgegossen werden. Zwar empfindet der Pflanzenliebhaber das Gießen nicht als Arbeit, sondern als Freizeitvergnügen. Doch wenn wir auf Urlaub oder in die Ferien fahren möchten, kann es schon recht lästig sein, jedesmal dafür zu sorgen, daß jemand zu den Pflanzen schaut. Sollten trotzdem die grünen Lieblinge einem Bekannten zur Pflege an-

vertraut werden müssen, dann kann man ihm wenigstens den «grünen Daumen» übergeben, also die Gebrauchsanweisung.
Die Überlegenheit der Hydrokultur zeigt sich u. a. am Beispiel der Universitätsklinik Bern. Dort nahmen die Pflanzenverluste von vorher rund 30 Prozent auf 7 Prozent jährlich ab, nachdem der gesamte Pflanzenbestand von Erd- auf Hydrokultur umgestellt wurde.
Einzelne Prachtsexemplare von Pflanzen leben nun schon seit der Entwicklung des Luwasa-Verfahrens, also mehr als zwei Jahrzehnte. Ihre Vitalität ist der beste Beweis dafür, daß sie sich «wohl fühlen».
Ein weiteres Argument für die Hydrokultur ist die Selbstanpassung der Pflanzen an ihre Umwelt. Es ist allgemein bekannt, daß die verschiedenen Pflanzenarten ganz unterschiedliche Erden brauchen, um gut gedeihen zu können. Jede ist an eine ganz bestimmte Erdart angepaßt. Hinzu kommt, daß die einen ihre Nährstoffe aus den oberflächlichen Humusschichten holen, andere mehr aus der Tiefe. Ganz entsprechend sind ihre Wurzeln gebaut: breitgefächert im einen, Pfahlwurzeln im anderen Fall. Die Hydrokultur erlaubt der Pflanze, sich selbst den ihr zusagenden Feuchtigkeitsbereich zu suchen: Je nach ihren artgemäßen Bedürfnissen senkt sie ihre Wurzeln mehr in die Tiefe des Gefäßes, wo die Nährflüssigkeit vorhanden ist, oder — der weitaus häufigere Fall — bleibt mehr im luftigen, aber feuchten Mikroklima des Blähtons. So können im selben Gefäß Pflanzen mit ganz unterschiedlichen Feuchtigkeitsansprüchen gehalten werden, also z. B. die Sansevierie (eine Steppenpflanze) und Zyperus (eine Sumpfpflanze).
Zusammenfassend läßt sich also sagen: Für die Haltung von Zimmerpflanzen unter den allgemein üblichen Bedingungen ist Hydrokultur die optimale Methode, der «einfachste Weg zum saftigen Grün».

Links: Die gesamte Pflanzengruppe fügt sich harmonisch in die rustikal gestaltete Umgebung ein. Oberlichter wirken sich positiv auf das Pflanzenwachstum aus.

Ist Hydrokultur zu teuer?
Wie eine 1980 abgeschlossene Umfrage zeigte, ist der hohe Preis der am meisten genannte Grund für eine Ablehnung der Hydrokultur. Die Preisunterschiede erscheinen freilich um ein Vielfaches geringer, wenn man berücksichtigt, daß mit einer Hydrokulturpflanze gleich ein ganzes System mitgeliefert wird. Inbegriffen sind der Wasserstandsanzeiger und meist sogar ein dekoratives, wasserdichtes Außengefäß für die Nährlösung, was bei einem einfachen Preisvergleich Erd-/Hydrokultur meistens nicht berücksichtigt wird.
Der Käufer erhält für seine Mehrauslagen einen angemessenen Gegenwert auch durch den höheren Pflegekomfort und durch die Sicherheit. Dadurch entstehen geringere Pflanzenverluste, was den höheren Preis mit der Zeit auch materiell wieder etwas ausgleicht. Zudem sind Preisvergleiche mit Erdkulturpflanzen insofern problematisch, als der Markt zu gewissen Zeiten von billiger Massenware überschwemmt wird. Auch in Beratungs- und Garantieleistungen bestehen große Unterschiede.

Rechts: Keramikgefäß mit spezieller Oberfläche, bepflanzt mit sehr schöner Yucca elephantipes. Dank den bereits angebrachten Filzfüßchen gibt es auf den Möbeln keine Kratzer mehr. Auch die sehr wichtige Unterlüftung ist damit gewährleistet, so daß es keinen Feuchtigkeitsbeschlag mehr gibt.

Das Funktionsprinzip

Zum guten Gedeihen brauchen alle Pflanzen Licht, Wärme, Luft, Wasser, Nährstoffe und ein Substrat, das ihren Wurzeln Halt gibt. Alle diese Faktoren müssen in einem ausgewogenen Verhältnis vorhanden sein. Die Hydrokulturtechnik verbessert im speziellen die Verhältnisse im Wurzelbereich.
Damit die Wurzeln atmen können, muß durch Zwischenräume im Substrat *Luft* zutreten können. Sie muß genügend *Feuchtigkeit* enthalten, damit die feinen Wurzelhaare nicht austrocknen. Dem *Wasser* werden die verschiedenen Nährstoffe zugefügt: Dies ergibt die sogenannte *Nährlösung*. Im Wurzelbereich der Pflanze müssen Luft und Nährlösung in einer optimalen Mischung vorhanden sein. Das *Substrat*, das heißt die feste Substanz, die den Wurzeln Halt gibt, ist heute fast ausschließlich der Blähton. Dieses Material besteht aus bestimmten in einem Spezialverfahren gebrannten Tonsorten in Form von porösen braunen Kügelchen mit etwa 3 bis 20 Millimeter Durchmesser, je nach Verwendungszweck.
Das Hydrokulturgefäß ist bis zum Rand mit Blähton gefüllt. In den Zwischenräumen zwischen den Blähtonkörnern befindet sich bis ungefähr zu einer Höhe von maximal einem Drittel der Gefäßhöhe die *Nährlösungsreserve*. Die übrige Gefäßhöhe wird durch den *Luftraum* eingenommen, in dem jederzeit eine ideale Mischung von Feuchtigkeit, Nährlösung und Luft herrscht. Der Feuchtigkeitsgehalt des Luftraumes nimmt von unten nach oben ab. Dies erlaubt den Pflanzen, ihre Wurzeln dort auszubilden, wo die ihren Bedürfnissen entsprechende Feuchtigkeit herrscht.
Die Außenhaut des Blähtons ist kapillar, das heißt, sie saugt die Nährlösung in einem dünnen Film nach oben in den Bereich der Pflanzenwurzeln. Bereits wenige Zentimeter unterhalb der Oberfläche der Substratfüllung sind feuchte Blähtonkörner zu finden. Das Korninnere besteht aus geschlossenen, luftgefüllten Poren.
Ideale Bedingungen finden die Pflanzen, wenn der Luftraum möglichst groß ist. Daher die Forderung, *vor dem Nachgießen*

den Wasserstand immer ganz absinken zu lassen und nie über die Höchstmarke hinaus aufzufüllen (siehe S. 47). Die Angst, daß die Pflanzen vertrocknen könnten, ist unbegründet, denn auch bei minimalem Nährlösungsstand ist noch tagelang genügend Reserve vorhanden.

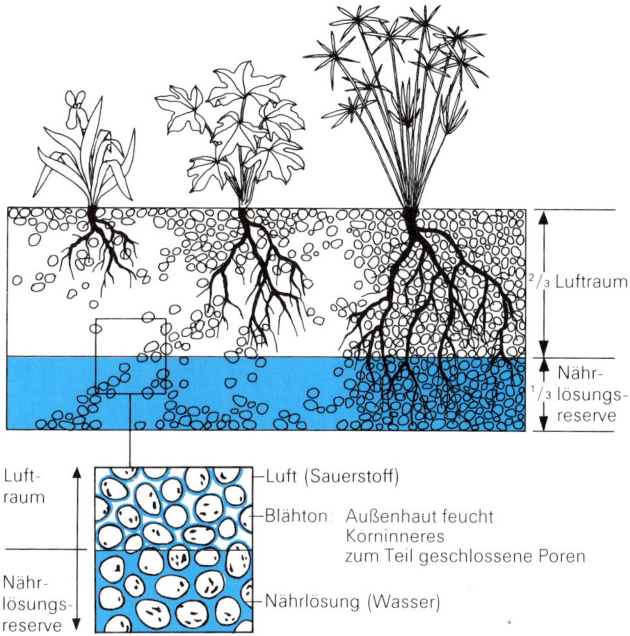

Das Verhältnis von Wasser zu Luftraum in einem Hydrokulturgefäß.

Das Substrat

Der Fachausdruck «Substrat» leitet sich ab vom lateinischen Substratum (= das Untergestreute). In der Hydrokultur werden an das Substrat folgende Anforderungen gestellt:

Fäulnisfestigkeit (keine organischen Bestandteile)

geeignete Struktur mit Körnung und Zwischenräumen, die den Wurzeln angepaßt sind

Strukturstabilität

chemische Indifferenz gegenüber der Nährlösung

Kapillarität (poröse Oberfläche)

Gewicht nicht zu leicht und nicht zu schwer

Wärmeisolations- und -speichervermögen

angenehme Farbe

Aus der Tabelle auf Seite 21 geht klar hervor, warum der Blähton in der modernen Hydrokultur die anderen Substrate weitgehend verdrängt hat. Blähton, auch unter den international gebräuchlichen Markennamen «Leca» (= *L*ight *E*xpanded *C*lay *A*ggregate, zu deutsch leichtes, aufgeblähtes Tonaggregat) und «Lecaton» bekannt, wird seit den frühen sechziger Jahren als wärmeisolierender Zuschlagstoff für Leichtbeton verwendet. Das Ausgangsprodukt, Rohton aus geeigneten Vorkommen, wird in einem Drehrohrofen bei einer Temperatur von 1200 Grad Celsius gebrannt und dabei auf ein Mehrfaches der ursprünglichen Größe aufgebläht.
Dank dieses Herstellungsverfahrens nehmen die Poren im Inneren der Blähtonkörner kaum Wasser auf; die Feuchtigkeit konzentriert sich vor allem in der kapillaren Außenhaut.
Nicht alle Blähtonsorten eignen sich für Hydrokultur. Man sollte nur Material verwenden, das speziell für diesen Zweck getestet und ausgewählt wurde. Nur so ist gewährleistet, daß es ausreichend salzarm ist, mit Wasser leicht sauer reagiert und die richtigen Struktur- und Kapillareigenschaften besitzt.

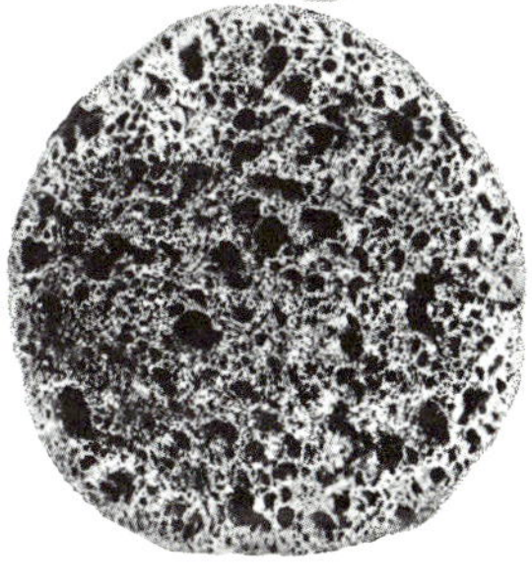

Oben: Blähtonkörner.

Mitte: Das aufgeschnittene Blähtonkorn zeigt die dunkelgraue bis schwarze Zellenstruktur. Sie verleiht dem Material seine gute Isolierfähigkeit. Die braune, kapillare Außenhaut befördert die Nährlösung nach oben zu den Pflanzenwurzeln.

Unten: Drehrohröfen zur Blähtonherstellung.

Verschiedene, zum Teil für Hydrokultur nicht mehr gebräuchliche Kultursubstrate:

1 Polyurethanschaum
2 Biolaston
3 Granitsplitt
4 Basaltsplitt
5 Steinwolle
6 Bimskies
7 Blähton
8 Blähschiefer
9 Vermiculit
10 Perlit
11 Quarzsand

Blähton gibt es in den drei Körnungen «fein», «mittel» und «grob». Der feine Blähton, mit einer Korngröße bis 3 Millimeter, ist der gewerbsmäßigen Aussaat und Stecklingsvermehrung vorbehalten und in der Regel nicht im Fachhandel erhältlich. Die mittlere Korngröße von rund 3 bis 10 Millimeter eignet sich für feinwurzelige Pflanzen und für die Bepflanzung von Kleingefäßen bis zu einem Durchmesser von 14 cm.
Der grobkörnige Blähton, mit einer Korngröße von 10 bis 20 Millimeter, wird hauptsächlich für Pflanzen mit grober Wurzelstruktur und für das Auffüllen von Großgefäßen verwendet.

Abbildung S. 22: Über 15jährige Prachtbepflanzung in einem Restaurant des Berner Inselspitals.

Tabelle: Substrate im Vergleich

Substrate	Struktureigenschaften*	Chemisches Verhalten*	Wasserversorgung im Kapillarbereich*	Gewicht	Eignung für Zimmerpflanzen in Hydrokultur		Preis	Bemerkungen
					Anzucht	Kultur		
Basaltsplit Granitsplit	2	1	4	hoch	schlecht	schlecht	teuer	Scharfkantig, heute ohne Bedeutung
Bimskies	1—2	1—2	1	günstig	gut	gut	günstig	Bindet anfangs Phosphor und Spurenelemente
Biolaston	2	1	4	gering	schlecht	mäßig	sehr teuer	Verwendung in DDR
Blähton	1	1	1	günstig	gut	sehr gut	günstig	Meistgebrauchtes Substrat für Zimmerpflanzen
Blähschiefer	1—2	1	1	günstig	gut	sehr gut	günstig	Kantig, sonst ähnlich wie Blähton
Perlite	2—3	2	2	gering	gut	mäßig	teuer	Beimischung zu Blähton für Freilandhydrokultur
Polyurethanschaum	3	2	3	sehr gering	gut	schlecht	sehr teuer	Gefahr von Wurzelhalsfäulnis, s. Seite 88
Quarzsand	2	1	2	hoch	gut	mäßig	teuer	
Steinwolle	2	2	2	gering	gut	gut	sehr teuer	Gefahr von Wurzelhalsfäulnis, s. Seite 88, Verwendung im Gemüsebau unter Glas
Vermiculite	3—4	2—3	2	gering	gut	mäßig	teuer	

* 1 = Bestnote
4 = schlechteste Beurteilung

Hinweis: Die Beurteilung erfolgt aufgrund eigener Erfahrungen. Je nach Herkunft, Körnung und Verwendungszweck sind auch andere Bewertungen möglich.

Die Nährlösung

Die Nährlösung wird aus Leitungswasser und einer der handelsüblichen Vollnahrungen, die speziell für Hydrokultur entwickelt wurden, hergestellt. Solche Präparate enthalten alle Haupt- und Spurennährstoffe in einer Form, die von den Pflanzen gut aufgenommen werden kann. Nicht geeignet für Hydrokultur sind viele Erdkulturdünger, auch wenn sie als sogenannte Volldünger deklariert werden: Ihr Gehalt an Spurennährstoffen ist dem Bedarf in Hydrokultur nicht angepaßt. Zudem ist in vielen preisgünstigen Balkon- und Zimmerpflanzen- sowie Gartendüngern Harnstoff enthalten, der in der Hydrokultur wegen Ammoniumbildung und späterer Umwandlung (sog. Nitrifikation) den pH-Wert (Säuregrad) der Nährlösung ungünstig beeinflussen und dadurch die Pflanzen schädigen kann. Hingegen lassen sich geeignete Hydrokulturdünger mit großem Erfolg auch in der Erdkultur verwenden. Wegen der unkontrollierbaren Verschmutzung ist es nicht ratsam, die Nährlösung mit Regenwasser zuzubereiten.
Hydrokultur-Vollnahrung wird heute hauptsächlich in zwei Formen angeboten: als Flüssigkonzentrat und mit Langzeitwirkung auf der Basis von Ionenaustauschharzen* (offen oder in sogenannten Nährstoffbatterien). Die Dosierung ist jeweils in der Gebrauchsanweisung angegeben.
Die früher häufig angebotenen Nährsalze haben heute stark an Bedeutung eingebüßt. Sie werden wegen der Gefahr von Überdosierung beim Herstellen kleiner Nährlösungsmengen besser durch die einfacher abzumessenden Flüssigkonzentrate ersetzt.

Die Wasserhärte

Leitungswasser enthält je nach Gegend mehr oder weniger Kalk. Es ist, wie man sagt, verschieden hart. Gewisse Pflanzen wie Orchideen und Anthurien vertragen hartes Wasser nicht.

* Ionen sind elektrisch positiv oder negativ geladene Teilchen, in die Salze bei ihrer Auflösung im Wasser zerfallen.

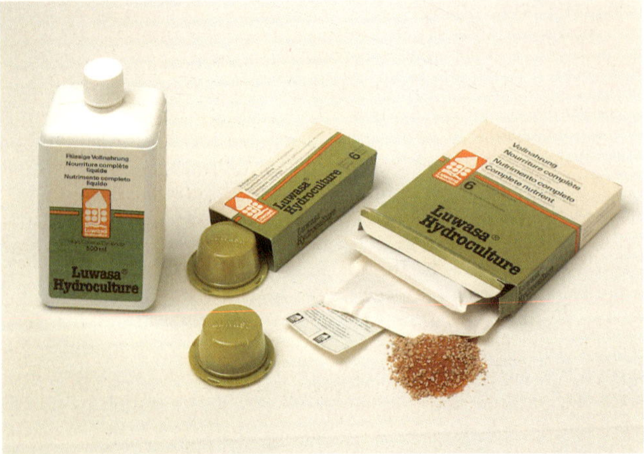

Hydrokultur-Vollnahrung: Links in flüssiger Form, in der Mitte als Nährstoffbatterie mit Langzeitwirkung für Kleingefäße und rechts als Granulat mit Langzeitwirkung zum Einstreuen in Großgefäße.

Doch das Problem der Wasserhärte wird in vielen einschlägigen Büchern überbewertet: Von den besonders kalkempfindlichen Arten abgesehen, brauchen die Pflanzen in Hydrokultur nicht eigens enthärtetes Wasser. Diese Aufbereitung geschieht durch die Substanzen, die in der Vollnahrung enthalten sind, bereits in ausreichendem Maße.

Überall dort, wo kalkreiches Leitungswasser durch Verwendung von Ionenaustauschharzen aufbereitet wird, um Kesselstein zu verhindern, ist jedoch Vorsicht geboten. Die Ionenaustauscher, die heute in vielen Verwaltungsgebäuden und Privathaushaltungen verwendet werden, arbeiten nämlich mit Kochsalz (NaCl). Sie enthärten das Wasser, indem sie den «freien» (d. h. gelösten) Kalk des Wassers gegen Natrium austauschen. Natrium ist aber in größeren Mengen pflanzenschädigend, weshalb das so aufbereitete Wasser nicht für Pflanzen verwendet werden sollte.

Langzeit-Vollnahrung

In der Langzeit-Vollnahrung sind die Pflanzennährstoffe an Kunstharze gebunden und werden im Austausch gegen Mineralstoffionen im Gießwasser und Absonderungen der Pflanzenwurzeln freigesetzt (daher die Bezeichnung «Ionenaustauscher»). Dies hat zwei Vorteile: Man braucht sich 4 bis 6 Monate lang nicht weiter um die Zubereitung der Nährlösung zu kümmern, und pflanzenschädigende Verunreinigungen des Gießwassers (z. B. Chloride) werden gebunden und damit unschädlich gemacht. Das Wasser wird soweit enthärtet, daß ohne besondere Maßnahmen auch kalkempfindliche Pflanzen mit Leitungswasser kultiviert werden können.

Vor allem in der Bundesrepublik Deutschland wurden vor einigen Jahren Ionenaustauschdünger durch verschiedene Hydrofirmen auf den Markt gebracht. Bei weichen, salzarmen Gießwässern — zum Beispiel Regenwasser, Wasser aus manchen

Funktionsprinzip des Ionenaustauschdüngers

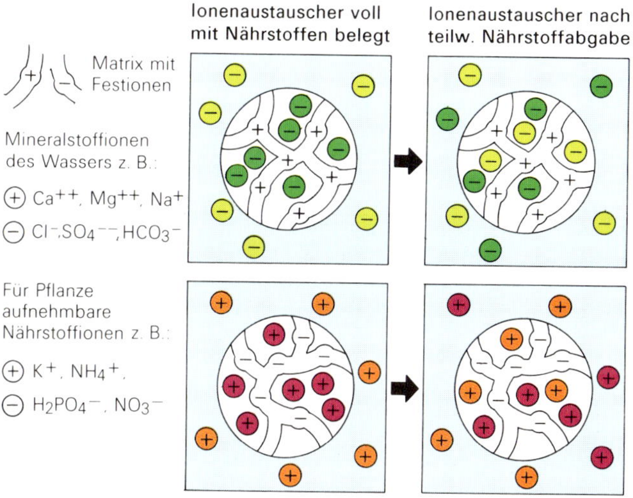

Seen und Flüssen, Grundwasser aus kalkarmen Gesteinsschichten — werden aus dem Ionenaustauscher nur ungenügende Mengen an Nährstoffen freigesetzt. Aus diesem Grunde hat Luwasa eine Langzeit-Vollnahrung entwickelt, die bei allen Wasserhärten gleichermaßen zufriedenstellend arbeitet. Sie enthält spezielle Wirkstoffe, die den Ionenaustausch in Gang setzen, auch wenn keine oder nicht genügend Mineralstoffionen im Wasser vorhanden sind. Die Langzeit-Vollnahrung Luwasa gibt es als Nährstoffbatterie für Pflanzen in Kleingefäßen und als Nachfüllbeutel für Pflanzen in Großgefäßen. Ein persönlicher Tip: Obschon die Langzeit-Vollnahrung für Großgefäße auf der Basis von Ionenaustauschern ein vorzügliches Produkt ist, hat sich die Anwendung von flüssiger Vollnahrung, vor allem bei Großgefäßen, seit mehr als zwanzig Jahren bestens bewährt und ist nach wie vor die billigste Methode zur Ernährung der Pflanzen. Für Kleingefäße verwende ich aber die praktische Nährstoffbatterie, da ihre Vorteile den höheren Preis mehr als wettmachen. Kleingefäße muß man öfter nachgießen als Großgefäße, und außerdem ist das Dosieren von kleinen Quantitäten wesentlich schwieriger als die Herstellung von größeren Mengen Nährlösung.

Weihenstephaner Nährlösung aus Einzelsalzen

868 mg Kalziumnitrat (15,5 % N, 34,2 % CaO)
416 mg Kaliumnitrat (13,8 % N, 46,6 % K_2O)
10 mg Ammoniumsulfat (21 % N)
284 mg Monokaliumphosphat (35,8 % K_2O, 51,7 % P_2O_5)
378 mg Magnesiumsulfat (164 % MgO)
20 mg Eisensulfat (20,1 % Fe)
10 mg Borax (11,4 % B)
5 mg Mangansulfat (32,5 % Mn)
0,04 mg Zinksulfat (22,7 % Zn)
0,04 mg Kupfersulfat (25,5 % Cu)

1991 mg Nährsalze für 1 Liter Wasser

Konzentration ca. 0,2 % — N: P_2O_5: K_2O-Verhältnis = 1:0,76:1,52

Großzügiges Blumenfenster mit eingebauter Hydrowanne. Große Gemeinschaftspflanzungen entwickeln ein gesundes Mikroklima. Unter diesen Bedingungen gedeihen die Pflanzen besonders gut. (Siehe auch Abbildung S. 33)

Gefäße und Zubehör

Hydrokulturgefäße müssen wasserdicht und säurefest sein und dürfen unter Einwirkung der Nährlösung keine pflanzenschädigenden Fremdstoffe abgeben. Mit anderen Worten: sie müssen lebensmittelecht sein. Prinzipiell wird unterschieden zwischen Groß- und Kleingefäßen.
Großgefäße haben eine Standardhöhe von 21 bis 22 cm (innen) und verschiedene Abmessungen bis 1 × 1 Meter. Sie weisen meistens eine quadratische, rechteckige oder runde Form auf und variieren im Design von der nüchternen Zweckgebundenheit bis zum exklusiven Möbelstück. Der Platz reicht zur Aufnahme von mehreren Pflanzen und läßt deshalb großen Gestaltungsspielraum.
Kleingefäße enthalten in der Regel nur eine einzige Pflanze, höchstens eine Kombination mit einer schlichten Unterbepflanzung. Sie sind in verschiedenen Fabrikaten, Formen, Farben und Materialien, vom billigen Kunststoffgefäß bis zu Ziergefäßen jeder Stilrichtung aus Keramik oder Porzellan, erhältlich.
Systembezogene Markengefäße werden immer mit dem passenden Zubehör geliefert. Viele Hydrofreunde beginnen zuerst mit dem Kauf eines billigen Kunststoffgefäßes, und wenn dann der Erfolg eingetreten ist, kaufen sie sich ein Gefäß besserer Qualität. Da es sich ja um ein ganzes System handelt, kann man die Pflanze einfach in das neue «Kleid» stellen. In einem solchen Falle achte man beim Kauf auf die Größenbezeichnung der Außengefäße.

Einsatztöpfe und Wasserstandsanzeiger

Die Pflanzen werden nie direkt in ein Groß- oder Kleingefäß gepflanzt, sondern immer in einen Einsatztopf. Dieser besteht aus flexiblem oder geschäumtem Kunststoff und ist immer mit Schlitzen versehen, durch die das Wasser eindringen kann und die Wurzeln herauswachsen können. Gut konstruierte Einsatztöpfe für Kleingefäße besitzen eine Einrichtung, an der ein passender Wasserstandsanzeiger so befestigt werden kann, daß er immer senkrecht steht, auch wenn der Topf durch die wach-

senden Wurzeln verformt wird. Ein Einsatztopf sollte mindestens so groß sein, daß die Wurzeln der Pflanze bequem darin Platz finden. Bei kleinen Einzelgefäßen paßt er genau in das Gefäß, bei Großgefäßen ist er von Blähton umgeben. In einem Gefäß dürfen immer nur gleich hohe Töpfe und Wasserstandsanzeiger verwendet werden. In großen Einsatztöpfen kann man die Pflanzen längere Zeit wachsen lassen als in kleinen. Überdies herrschen auch bessere Wachstumsbedingungen, da das Verhältnis zwischen Luft, Wasser und Substrat in höheren Gefäßen wesentlich besser ist. Bei Einsatztöpfen zu Kleingefäßen ist noch auf die Möglichkeit zum Anbringen von Stäben und Ästen zu achten.
Die **Wasserstandsanzeiger** der verschiedenen Fabrikate sind alle nach dem gleichen Prinzip konstruiert: Sie bestehen aus einem Kunststoffröhrchen, das vom Gefäßboden bis über das Substrat hinausragt und einen eingebauten Schwimmer enthält. Am Schwimmer ist ein Anzeigestäbchen befestigt, das im sichtbaren Teil der Einrichtung die Höhe des Nährlösungsspiegels angibt. Die meisten Modelle besitzen Markierungen, die den maximalen, den ½- und den minimalen Stand angeben. Die Qualitätsunterschiede der verschiedenen Fabrikate waren früher sehr groß, und vor allem die eng gebauten Schwimmerschächte brachten oft Probleme, indem diese schon bald durch Verunreinigungen den Schwimmer blockierten. Es lohnt sich, auf bewährte Markenprodukte zu achten.

Zubehör für Großgefäße

Das **Absaugrohr** ist bei gewissen Modellen im Wasserstandsanzeiger integriert. Es wird benötigt, um die verbrauchte Nährlösung abzusaugen, denn ein Großgefäß ist zu schwer und zudem mit Substrat gefüllt, so daß man es nicht einfach wie ein Kleingefäß auskippen kann.
Äste und andere Einrichtungen aus Holz oder Metall zum Aufbinden von Pflanzen dürfen nicht einfach in das Substrat gesteckt werden. Erstens finden sie meist zuwenig Halt, und zweitens kommen sie mit der Nährlösung in Berührung und beginnen sich zu zersetzen, was den Pflanzen schlecht bekommt. Zur Befestigung von dicken Zierästen gibt es besondere **Asthalter**,

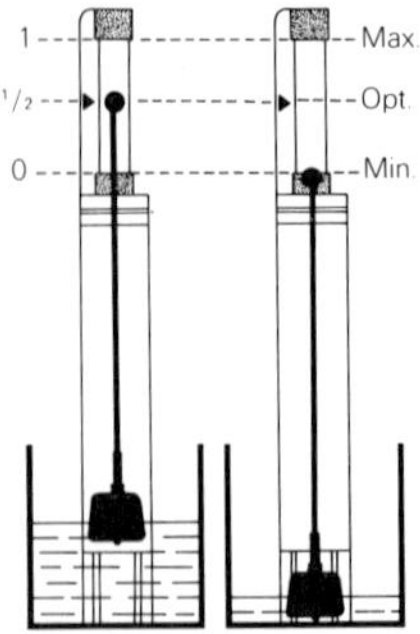

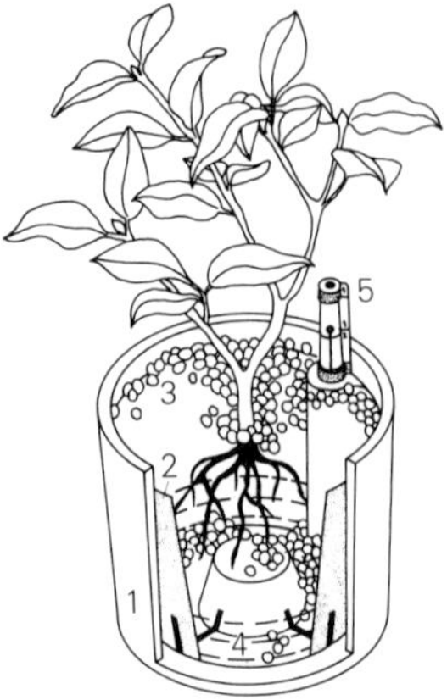

Funktionsprinzip des Wasserstandsanzeigers. Bei Minimumanzeige (rechts) steht die Nährlösung bei Kleingefäßen noch mindestens 1 cm und bei Großgefäßen noch 1,5 bis 2 cm hoch. (Siehe auch S. 47)

Kleingefäß (oben) und Großgefäß (unten) im Querschnitt:

1 Gefäß, wasserdicht und säurebeständig
2 Einsatztopf
3 Blähton
4 Nährlösung
5 Wasserstandsanzeiger (bei Großgefäß mit Absaugrohr)
6 Aussparung
7 Asthalter

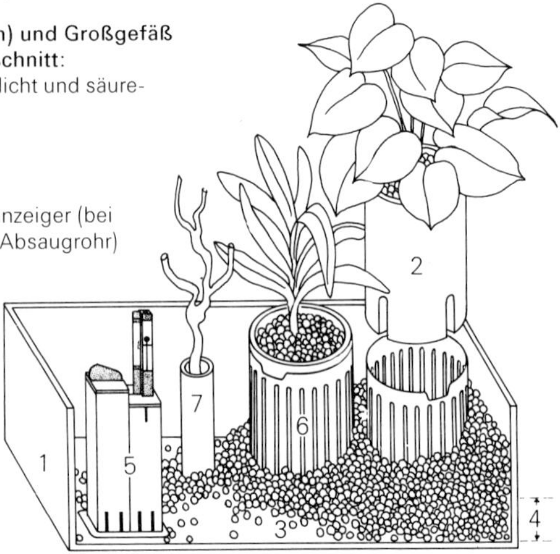

Zubehör für Großgefäße:

1 Gefäß
2 Einsatztopf
3 Aussparung geöffnet
4 Aussparung zusammengebaut
5 Wasserstandsanzeiger mit Absaugschacht
6 Absaugpumpe für Nährlösung
7 Asthalter

Zubehör für Kleingefäße:

8 Gefäß
9 Einsatztopf
10 Wasserstandsanzeiger
11 Pflanzenstab aus Kunststoff, in Einsatztopf steckbar

Allgemeines Zubehör

12 Blähton 13 Lichtmesser

die auf den Gefäßboden gestellt und durch das Gewicht des eingefüllten Substrates fixiert werden. Sie schirmen den Ast von der Nährlösung ab. Zum Aufbinden der Pflanzen stehen heute fäulnisfeste Stäbe aus Kunststoff zur Verfügung, so daß auf Bambusstäbe verzichtet werden kann.

Wenn man in einem Großgefäß einen Einsatztopf auswechseln will, fällt der Blähton in das entstandene Loch, und es ist sehr mühsam, den Topf mit der neuen Pflanze an derselben Stelle wieder einzugraben. Dies läßt sich durch sogenannte **Manschetten** vermeiden. Es handelt sich dabei um rechteckige, biegsame Kunststoffplatten, die sich mittels Druckknopfverschluß zu Rohren zusammenbauen lassen. Sie werden in die Pflanzenwannen gestellt und mit Blähton umgeben. In die entstehenden Aussparungen stellt man nachher die Einsatztöpfe. Dies erlaubt nicht nur ein problemloses Auswechseln, sondern auch das Drehen von Einzelpflanzen innerhalb des Gefäßes in jede gewünschte Richtung.

Das Anpassen der Innenhöhe

Die Innenhöhe des Troges sollte der Standardhöhe von Großgefäßen entsprechen (21 bis 22 cm). Andernfalls wird bei wasserdichten und säurefesten Trögen zuerst ein Absaugrohr von der Höhe des Troges auf den Innenboden gestellt. Man verwendet dazu am besten ein Plastikrohr mit etwa 3 cm Innendurchmesser, das man auf die erforderliche Länge zusägt. Damit kein Blähton hineinfällt, verschließt man es mit einem Stöpsel (z. B. Kork). Nachher wird der Trog mit Blähton oder mit Styroporplatten oder -blöcken von maximal 10 cm Höhe (da sonst der Auftrieb zu groß ist und die Pflanzen angehoben werden!) so weit angefüllt, bis die Höhe des Leerraumes der Standardhöhe entspricht. Die bepflanzten Einsatztöpfe und der Wasserstandsanzeiger sind anschließend auf diesen Zwischenboden zu stellen.

Ist der Trog weder wasserdicht noch säurefest, so wird im unteren Teil des Troges wieder bis zur Standardhöhe ein falscher Boden aus Blähton, Styroporplatten oder einem anderen Material eingebaut. Darauf wird nun eine Dachgartenfolie von mindestens 0,5 mm Dicke eingelegt, und der Trog ist pflanzbereit.

Gefäß nicht wasserdicht und nicht säurefest:
1 Styroporblock oder Blähton
2 Plastikfolie, mindestens 0,5 mm stark
3 Wasserstandsanzeiger mit Absaugrohr

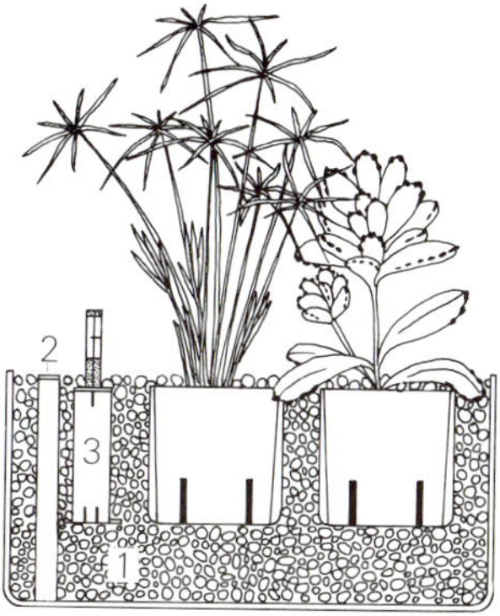

Gefäß wasserdicht und säurefest:
1 Blähton oder Styroporblock
2 Absaugrohr reicht bis zum Gefäßboden
3 Wasserstandsanzeiger auf gleicher Höhe wie Einsatztöpfe

Bauseits versenkte Tröge sollten immer direkt mit Standardtiefe von 21 bis 22 cm geplant werden. Darauf achten, daß keine Kältebrücken entstehen. Deshalb sind Tröge, die im Mauerwerk eingelassen sind, mit 3 bis 5 cm Isolationsmaterial seitlich und am Boden zu versehen; dann erst ist der wasserdichte Trog einzubauen. Bei Trögen von mehr als 1 Meter Ausmaß baut man mit Vorteil einen Ablaufstutzen ein, der direkt mit der Kanalisation verbunden ist. Damit der Stöpsel jederzeit bedienbar ist, stülpt man einen Hohlzylinder mit Deckel darüber (siehe Skizze).

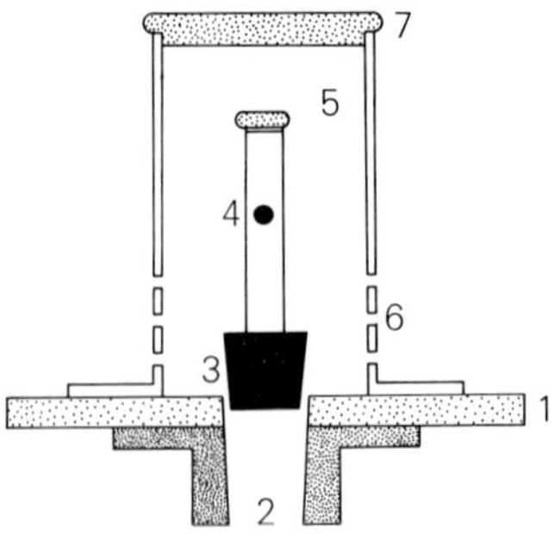

1 Gefäßboden
2 Anschlußstutzen für Kanalisation
3 Stöpsel
4 Überlaufloch 6 cm über Innenboden
5 Hohlzylinder
6 Löcher für Wasserzirkulation
7 Deckel für Bedienung

Anschluß eines eingebauten Troges an die Kanalisation

Das Abdichten von Trögen

Wer bereits einen nicht säurefesten oder nicht wasserdichten Trog besitzt oder einen solchen selber basteln will, muß ihn unbedingt vor dem Bepflanzen abdichten. Einfacher ist es, ein handelsübliches wasserdichtes Hydrokulturgefäß hineinzustellen. Man kann sich ein solches auch nach Maß anfertigen lassen.

Kupfergefäße oder andere nicht säurefeste Metallgefäße müssen nach vorheriger gründlicher Reinigung echt englisch bleifrei verzinnt oder mit einem lebensmittelechten Zweikomponentenlack ausgestrichen werden. Eine größere Sicherheit bietet das Auskleiden mit einer mindestens 0,4 mm starken Dachgartenfolie aus Polyäthylen (ohne Weichmacher), da Lacke mit der Zeit abblättern können.

Holztröge und andere undichte Gefäße werden ebenfalls mit Plastikfolie ausgekleidet.

Der Hydrotank

Zur Vergrößerung des Nährlösungsvolumens in einem Hydrokulturgefäß gibt es den von Dr. Blaicher entwickelten Hydrotank. Er wird dort verwendet, wo die Nährlösungsreserve zu rasch verbraucht würde, so z. B. bei Pflanzen mit großem Blattvolumen und an hellem Standort. Der Hydrotank eignet sich auch speziell dafür, einen gleichbleibend niedrigen Nährlösungsstand von 0 bis 30 mm einzuhalten. Ein solcher gilt für viele gegen höhere Wasserstände empfindliche Pflanzen, wie zum Beispiel Orchideen, Kakteen und andere Sukkulenten sowie Farne, als optimal. Es gibt Ausführungen mit 70 ccm Inhalt für Jungpflanzen, mit 1 Liter für Kleingefäße und mit 2 oder 6 Litern für Großgefäße. Ein Großgefäß von 50 × 50 cm Grundfläche enthält, wenn bis zur ½-Marke (Optimummarke) aufgefüllt wird, etwa 4 Liter Nährlösung. Mit einem eingebauten 6-Liter-Hydrotank kann man somit den Vorrat auf 10 Liter vergrößern, wobei die Höhe des Nährlösungsspiegels wie erwünscht immer gleich bleibt. Nachgefüllt wird nur durch die Tanköffnung. Der Hydrotank ermöglicht optimale Wüchsigkeit und Qualität der Pflanzen bei sichergestellter Langzeitbewässerung.

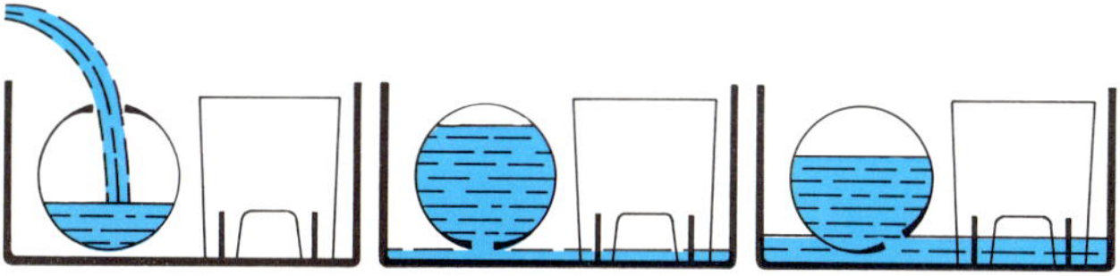

Die Funktionsweise des Hydrotanks

Abb. S. 36: Keramikgefäß mit dickem, gerilltem Rand; bepflanzt mit Dracaena fragrans, der idealen Pflanze für dunkle Standorte. Keramikgefäße sollten keinesfalls direkt auf Teppiche gestellt werden, weil dadurch die Luftzirkulation verunmöglicht wird und Kondenswasser, das durch Temperaturunterschiede entsteht, nicht verdunsten kann. Unterlegte Vierkanthölzer (etwa 2 cm dick) oder Holzunterbauten sind eine ebenso wirksame wie günstige Lösung.

Der Lichtbedarf

Dem Licht kommt in der Kultur von Zimmerpflanzen eine entscheidende Bedeutung zu. Dank den optimalen Bedingungen hinsichtlich Luft, Wasser und Nährstoffen ist für eine Hydrokulturpflanze meistens das Licht derjenige Faktor, der im Minimum vorhanden ist und damit das Wachstum einschränkt oder unter Umständen verunmöglicht.
Hinzu kommt, daß Hydrokulturpflanzen in vermehrtem Maße als Gegenstände der Wohnungseinrichtung betrachtet werden, die dann oft nicht nach den Ansprüchen der Pflanzen, sondern nach den gestalterischen Wünschen der Menschen plaziert werden. Obschon viele Wohnräume oft zwei Fenster aufweisen, möchte der Pflanzenliebhaber mit seinen grünen Schützlingen eine leerstehende Ecke ausfüllen. Solche Ecken zwischen zwei Fenstern sind aber meistens die lichtärmsten Standorte des Wohnraumes. Eine bedeutende Rolle spielen reflektierende Zimmerwände in den Farben Weiß, Hellgrau oder Hellbeige.
Für den Hausgebrauch wird man versuchen, zuerst durch geeignete Wahl von Pflanzenarten und Standort das vorhandene Tageslicht auszunützen, und erst dann zur künstlichen Pflanzenbeleuchtung greifen, wenn es nicht anders geht. Das ist unter anderem auch eine Kostenfrage.

Lichtintensität (Beleuchtungsstärke)
In Innenräumen gilt grundsätzlich: Je mehr Licht vorhanden ist, desto besser wachsen die Pflanzen und desto länger leben sie. Verglichen mit den Verhältnissen im Freien herrscht auch in einem «hellen» Innenraum tiefster Schatten. Selbst direkt am Fenster beträgt die Lichtintensität – der Fachmann spricht von Beleuchtungsstärke – nur noch 50 Prozent des im Freien vorhandenen Lichtes, und in einem Meter Abstand sind es gar nur noch rund 18 Prozent. Besonders prekär wird die Lichtversorgung der Pflanzen im Winter, wenn auch im Freien nur noch etwa 20 Prozent der hochsommerlichen Beleuchtungsstärke vorhanden sind.

Lichtverhältnisse in einem Raum von rund 4 × 5 m bei freier Umgebung

Hinweise für die Standortbestimmung von Hydrokulturpflanzen

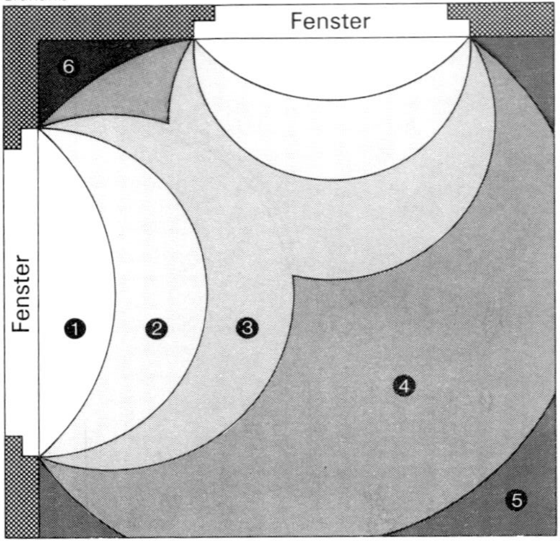

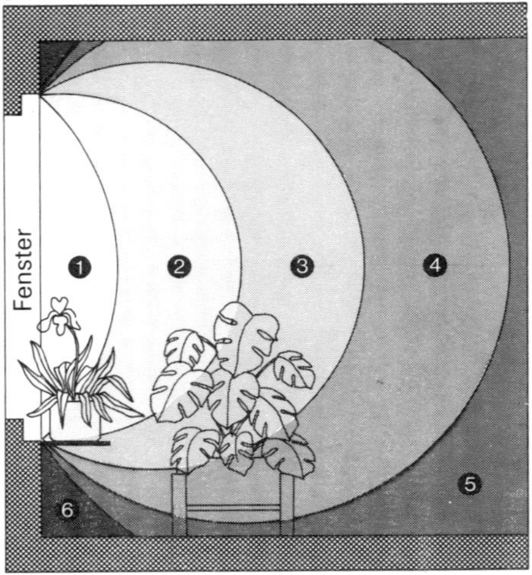

Lichtwert	Wachstum	Pflanzengruppen	Lichtansprüche
1 90–100 %	optimal	Grün- und Blütenpflanzen	hoch, mittel
2 70– 90 %	sehr gut	Grün- und Blütenpflanzen, gewisse Arten	mittel, gering
3 50– 70 %	gut	fast alle Grünpflanzen	mittel, gering
4 30– 50 %	mäßig	noch verschiedene Grünpflanzen möglich	gering
5 10– 30 %	minimal	nur noch wenige Grünpflanzen möglich	gering
6 unter 10 %*	ausgeschlossen	einige Grünpflanzen überleben kurze Zeit	–

* Auch bei diesen ungünstigen Lichtverhältnissen ermöglichen die speziell entwickelten Pflanzenleuchten optimale Wachstumsbedingungen.

Eine Pflanze benötigt so viel Licht, daß ihre Assimilationsleistung größer oder mindestens gleich groß ist wie ihr Energieverbrauch durch Atmung. Assimilation und Atmung sind zwei entgegengesetzte Vorgänge: Die Pflanze assimiliert mit Hilfe des Lichtes als Energiequelle aus dem Kohlendioxid (CO_2) der Luft und aus Wasser (H_2O) die organische Substanz Traubenzucker, den Grundbaustein für das Leben und den Stoffwechsel der Pflanze. Umgekehrt wird bei der Atmung Traubenzucker in CO_2 und H_2O zerlegt. Mit der dabei entstehenden Energie bestreitet die Pflanze ihre verschiedenen Lebensvorgänge.
Von der Stoffbilanz zwischen Assimilation und Atmung hängt das Überleben der Pflanze ab. Die Beleuchtungsstärke, bei der diese Bilanz ausgeglichen ist, wird als Kompensationspunkt bezeichnet. Für Schattenpflanzen beträgt er etwa 0,2 bis 0,5 Prozent des vollen Tageslichtes. Ein Wachstum der Pflanze ist beim Kompensationspunkt nur auf Kosten der vorhandenen Substanz möglich. Das heißt, die Pflanze kann nur neue Blätter bilden, wenn sie gleichzeitig alte Blätter verliert.
Der Kompensationspunkt ist keine konstante Größe. Er kann für einzelne Blätter einer Pflanze unterschiedlich groß sein. Mit zunehmendem Alter der Blätter und mit steigender Temperatur wird er in der Regel größer, ebenso bei schlechter Ernährung und mit abnehmender Luftfeuchtigkeit. In der Praxis bedeutet dies folgendes: Hydrokulturpflanzen kommen bei sonst gleichen Verhältnissen normalerweise mit etwas weniger Licht aus als in Erdkultur gezogene Pflanzen, da ihre sonstigen Wachstumsbedingungen günstiger sind. Allerdings kann auch Hydrokultur keine Wunder vollbringen, und für ein gutes Gedeihen muß mehr als das minimal erforderliche Licht vorhanden sein. Wenn Pflanzen ständig bei Beleuchtungsstärken gehalten werden, die ihrem Kompensationspunkt entsprechen, dann wird die Stoffbilanz durch die normale Alterung der Blätter mit der Zeit negativ. Dies ist mit ein Grund für die beschränkte Lebensdauer von Pflanzen in schlechten Lichtverhältnissen. Schließlich ist zu beachten, daß Pflanzen bei höheren Temperaturen wegen der gesteigerten Atmung mehr Licht benötigen. Dies wirkt sich besonders in den Wintermonaten verhängnisvoll aus, wenn bei Lichtmangel die Räume überheizt werden.

Messung der Beleuchtungsstärke

Wenn es darum geht, die Beleuchtungsstärke zu beurteilen, ist auf das Gefühl kein Verlaß. Das Auge paßt nämlich seine Empfindlichkeit den wechselnden Lichtverhältnissen viel stärker an, als dies die Pflanzen können. Hier hilft nur eines: die objektive Messung. Die Maßeinheit für die Beleuchtungsstärke ist das Lux.

Die meisten Grünpflanzen benötigen für das Überleben eine minimale Beleuchtungsstärke von 500 bis 800 Lux. Für ein gesundes Wachstum sind 800 bis 2500 Lux nötig. Blütenpflanzen, Sukkulenten und Kakteen benötigen 2500 bis 5000 Lux und mehr.

Der Fachmann mißt die Beleuchtungsstärke mit einem Luxmeter. Solche Geräte gibt es auch für den Liebhabergebrauch in einfachster Ausführung als «Lichtmesser» zu kaufen (siehe Abb. S. 31). Sie funktionieren mit Solarzelle, deshalb sind keine Batterien notwendig. Die Lichtmessung erfolgt am besten zwischen 10 und 15 Uhr bei bewölktem Himmel. Nicht bei direkter Sonnenbestrahlung, Nebel oder Hochnebel messen, da sonst Extremwerte erzielt werden, die nicht dem Jahresdurchschnitt entsprechen. Wie messen? Den Lichtmesser am zukünftigen oder gegenwärtigen Standort der Pflanze mit dem Pfeil und mit der Solarzelle in Richtung Lichtquelle — Fenster oder Pflanzenleuchte — halten. Darauf achten, daß die Solarzelle nicht durch Pflanzen oder Körperteile beschattet wird.

Anstelle eines Lichtmessers kann auch der Belichtungsmesser jedes Fotoapparates wie folgt verwendet werden: Eine weiße, flache Karte bei der Pflanze so aufstellen, daß sie vom Licht möglichst senkrecht beschienen wird. Kamera so auf die Karte richten, daß diese den ganzen Sucher einnimmt, und richtige Verschlußzeit einstellen. Achtung: Bei der Messung keinen Schatten werfen!

Um die Luxzahl zu bestimmen, stellt man die Filmempfindlichkeit auf 100 ASA und die Blende auf 4 ein. Die gefundene Verschlußzeit, multipliziert mit 10, ergibt die ungefähre Beleuchtungsstärke in Lux. Beispiel: $^1/_{60}$ entspricht 600 Lux, $^1/_{125}$ = 1250 Lux.

Künstliche Pflanzenbeleuchtung

Reicht die Beleuchtungsstärke am gewünschten Standort für eine Pflanze nicht aus, dann muß der Fehlbetrag durch Kunstlicht ausgeglichen werden. Beim Kunstlicht spielt die spektrale Zusammensetzung eine sehr große Rolle. Weißes Licht kann bekanntlich in eine Reihe von Farben zerlegt werden: in die Farben des Regenbogens, die zusammen das sogenannte Spektrum bilden. Die einzelnen Farbanteile des Spektrums üben auf die Pflanze ganz unterschiedliche Wirkungen aus:

Ultraviolett ist für die meisten Pflanzenarten schädlich. Nur das relativ langwellige Ultraviolett A hat eine formgebende Wirkung. Die Pflanzen werden gedrungener, die Blätter dicker.

Blau regt wichtige pflanzliche Reaktionen an, zum Beispiel den sogenannten Phototropismus, das heißt die Ausrichtung der Blätter und das Wachstum zur Lichtquelle hin. Bereich der Assimilation.

Grün, Gelb und Orange sind für die Pflanzen kaum von Bedeutung, hingegen liegt in diesem Bereich die größte Lichtempfindlichkeit des menschlichen Auges.

Rot ist der Bereich der stärksten Assimilation und der Bildung des grünen Farbstoffes Chlorophyll.

Infrarot ist im «nahen», an das Rot angrenzenden Bereich ein starker Anreger für das Streckungswachstum.

Für die Assimilation ist also nur das blaue und das rote Licht von Bedeutung, für den Phototropismus nur das blaue Licht. Lampen für Pflanzenbeleuchtung sollten deshalb möglichst viel von ihrer Energie in diesen beiden Spektralbereichen abgeben.

Glühlampen, zum Beispiel alle im Handel angebotenen Spotlampen, weisen praktisch kein blaues Licht auf, dafür einen hohen Infrarotanteil, der die Pflanzen zum Ausgeilen anregt. Zudem geben sie zuviel Wärme ab. Sie sind deshalb zur Pflanzenbestrahlung nicht geeignet.

Fluoreszenzlampen (Leuchtstoffröhren) sind preisgünstig, haben eine lange Lebensdauer und brauchen wenig Strom. Die Installation ist dagegen ziemlich aufwendig (Vorschaltgerät und Armaturen). Mit einigen Kenntnissen können sie von Hobbybastlern in Wohnwände, Büchergestelle usw. eingebaut wer-

Assimilationskurve

1 *Die Assimilation wird hauptsächlich durch violettblaues und durch orange-rotes Licht ausgelöst (Kurve ___). Dagegen hat das menschliche Auge seine größte Empfindlichkeit im grüngelben Bereich (Kurve ....). (nm, Nanometer, ist ein Maß für die Wellenlänge.)*

Spektrale Strahlungsverteilung bei verschiedenen Lichtquellen

2 *Glühlampe*

3 *Hochdruck-Quecksilberdampflampe (Osram HQL-R De Luxe)*

4 *Mischlichtlampe (Osram HWL-R De Luxe)*

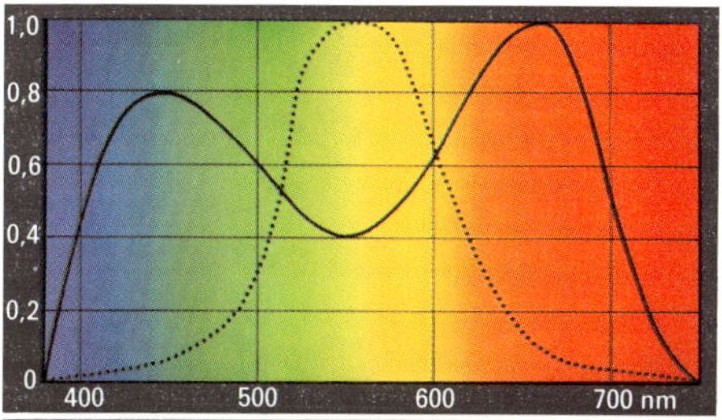

1

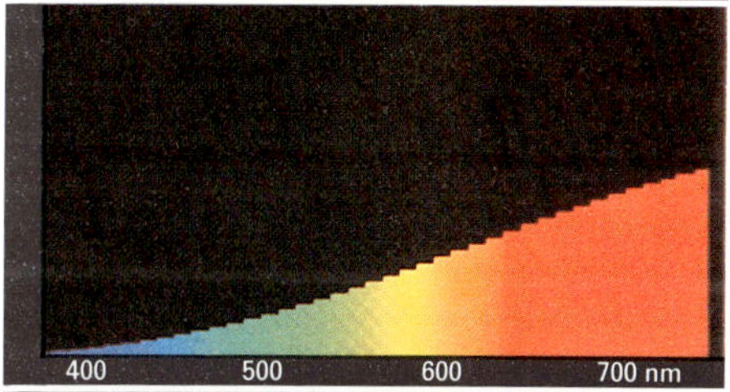

2

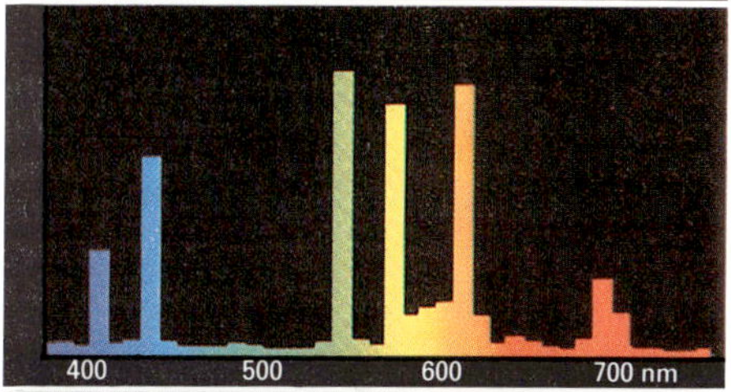

3

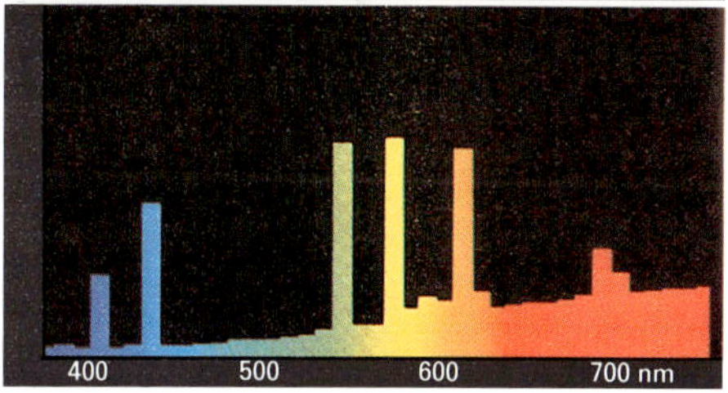

4

den. Für die Pflanzenbestrahlung eignen sich besonders die Lichtfarben «Weiß» und «Weiß de Luxe» (z. B. Philips-Farbkennziffern 33, 34 und 84). Fluoreszenzlampen sind häufig in Arbeitsräumen anzutreffen. Dort ist darauf zu achten, daß die Pflanzen *direkt unter* die Lichtquelle gestellt werden.
Hochdruck-Quecksilberdampflampen weisen eine nahezu ideale spektrale Lichtzusammensetzung auf und sind deshalb die besten Pflanzenleuchten. Es gibt Lampen mit 80, 125 und 250 Watt Stärke. Dank großer Lichtleistung sind sie auch für hohe Räume geeignet. Sie zeichnen sich durch geringe Unterhaltskosten (kleiner Stromverbrauch und lange Lebensdauer) aus. Sie benötigen ein Vorschaltgerät, das entweder in der Leuchte eingebaut ist oder separat montiert werden muß.
Mischlichtlampen. Sie benötigen kein Vorschaltgerät und sind nicht geeignet für hohe Räume. Sie kosten im Unterhalt doppelt soviel wie die Quecksilberdampflampen, sind jedoch meistens billiger in der Anschaffung. Diese Lampen sollten nicht in drehbare Spots eingeschraubt werden, da sie nur bis zu einem Winkel von 30° zur Senkrechten abgedreht werden dürfen.

Belichtungsdauer
Der größte Teil unserer Grünpflanzen kommt aus den Tropen. Sie sind deshalb von Natur aus an einen Zwölfstundentag gewöhnt. Bei einer Zusatzbeleuchtung zum vorhandenen Tageslicht können allenfalls 5 bis 6 Stunden Kunstlicht ausreichend sein. Bei ausschließlich künstlicher Beleuchtung in Räumen ohne Tageslicht reichen 11 Stunden täglich aus, da Lampen im Unterschied zur Sonne die volle Lichtintensität schon nach etwa 15 Minuten erreichen. Ausschlaggebend ist die Zahl der Lux-Stunden (Anzahl Lux mal Anzahl Stunden). Das heißt, bei geringerer Lichtintensität ist entsprechend länger zu belichten (z. B. 14 bis 16 Stunden). Die Steuerung erfolgt am besten automatisch über eine Schaltuhr.
Wichtig ist für die Pflanze eine regelmäßige Belichtungsdauer immer zur selben Tageszeit, auch über das Wochenende und bei Ferienabwesenheit.

Temperatur- und Feuchtigkeitsansprüche

Bei den meisten Hydrokulturpflanzen, die wir im Zimmer kultivieren, handelt es sich um tropische Blattpflanzen. Sie haben einen ähnlichen Wärmebedarf wie der Mensch, nämlich etwa 18 bis 25 Grad Celsius. Diese Pflanzen ertragen auch höhere Temperaturen bis etwa 30 Grad Celsius, reagieren anderseits in der Regel aber sehr schlecht, sobald eine Temperatur unter 16 Grad Celsius vorherrscht. Dabei entsteht Wurzelfäulnis und Blattfall.

Wichtig ist, daß alle tropischen Pflanzen — der Gärtner nennt sie Warmhauspflanzen — einen «warmen Fuß» lieben. Aus diesem Grund ist bei kalten Böden (Steinfliesen, Beton usw.) unbedingt darauf zu achten, daß zwischen der Nährlösung und dem Boden keine Kältebrücke entsteht. Dies wird verhindert, indem die Pflanzengefäße auf Rollen, Unterbauten oder einfach auf Vierkanthölzer gestellt werden oder indem ein isolierendes Material — z. B. 1 bis 2 cm dicke Styroporplatten — zwischen Gefäß und Fußboden gelegt wird. Sind die Tröge in den Boden eingelassen, müssen sie in der Vertiefung mit Styroporplatten isoliert werden. Sind tiefere Temperaturen für kürzere Zeit unumgänglich, so ist strikte darauf zu achten, daß die Nährlösung im Gefäß nur noch rund 1 cm hoch steht. Man kann auch eine elektrische Heizmatte oder elektrische Dachrinnen-, Ablauf- oder Terrarienheizkabel auf 2 cm Styropor unter das Pflanzengefäß legen.

Werden Hydrokulturpflanzen in ungeheizten Räumen gewünscht, so ist dies prinzipiell möglich. Man wähle dann die für kühlere Standorte speziell geeigneten Pflanzen. Über die Temperaturansprüche der wichtigsten Pflanzenarten geben die Farbtafeln auf Seiten 68—75 Auskunft.

Achtung: Im Winter beim Lüften der Räume keine Pflanzen direkt am Fenster stehenlassen und dafür sorgen, daß die Räume nicht unterkühlt werden. Beim Kauf von Pflanzen darauf achten, daß sie bei Temperaturen unter 2 Grad Celsius immer in Papier oder Plastik eingewickelt sind, da sonst schon nach kurzer Zeit Erfrierungen auftreten können.

Luftfeuchtigkeit

Unsere tropischen Zimmerpflanzen leiden in der Heizperiode meistens an zu trockener Luft. Dies führt oft zu braunen Blattspitzen und macht die Pflanzen schädlingsanfällig: Die Rote Spinne und der Blasenfuß (Thrips) breiten sich besonders bei trockener Zimmerluft rasch aus.

Da auch der Mensch unter Lufttrockenheit leidet, empfiehlt sich in der Heizperiode eine künstliche Raumbefeuchtung bis zu einer relativen Luftfeuchtigkeit von 50 bis 60 Prozent.

Luwasa-Kunststoffgefäß, 50 × 50 cm, mit leicht wirkendem Unterbau, strukturlackiert. Dieser schlichte Gefäßtyp erfreut sich großer Beliebtheit. Bepflanzung: Stamm von Beaucarnea recurvata und Ficus pumila.

Die laufende Pflege

Die richtige Pflege von Hydrokulturpflanzen ist kein Problem. Zwar kann man auch hier Fehler machen, aber sie sind leichter zu verhindern als bei der Pflege von Erdkulturpflanzen.

Gießen und Zubereitung der Nährlösung

Prinzipiell ist mit handwarmem Leitungswasser zu gießen. Tip: Nach dem Gießen die gefüllte Kanne im Zimmer stehen lassen. Das Wasser wird an einer beliebigen Stelle über den Blähton gegossen, bis der Anzeigestab die ½-Marke (Optimum) erreicht. Nur bei hellem Standort, bei Pflanzen mit großem Wasserbedarf und bei längerer Abwesenheit darf bis zur oberen Markierung aufgefüllt werden. (Siehe auch Seite 49.)

Prinzipiell soll nur so viel gegossen werden, daß der Wasserstandsanzeiger nach 3 bis 4 Wochen die Minimummarkierung erreicht hat. Trifft dies nicht zu, so wird zuviel gegossen, und dadurch besteht die Gefahr von Wurzelfäulnis. Wer es besonders gut machen will, gießt bei Minimalstand sogar erst nach 1 bis 3 Tagen bei Kleingefäßen und nach 3 bis 5 Tagen bei Großgefäßen nach.

Dies fördert die Durchlüftung des Blähtons und damit die Sauerstoffzufuhr in den Wurzelraum.

Tip: Bei längerer Abwesenheit Einsatztöpfe aus Kleingefäßen herausnehmen und in ein großflächiges Becken stellen, das bis zu einer Höhe von maximal 4 cm mit Nährlösung gefüllt wird.

Die flüssige Hydrokultur-Vollnahrung ist entsprechend den Dosierungsangaben auf der Packung dem Wasser beizufügen. Wenn man sich an die Vorschriften der Hersteller hält, ist eine Überdüngung der Pflanzen ausgeschlossen. Wünscht man das Wachstum gewisser nährstoffbedürftiger Pflanzen (z. B. Philodendron, Ficusarten) zu stimulieren, so kann die Dosierung verdoppelt werden, jedoch nicht bei salzempfindlichen Pflanzen.

Ionenaustauschdünger – im Handel als «Langzeit-Vollnahrung» oder «Nährstoffbatterie» angeboten – sind teurer als flüssige Vollnahrung, bieten aber bei hartem Wasser unbestreitbare Vorteile und reduzieren den Pflegeaufwand auf ein

Minimum. Auch hier sind die Dosier- und Anwendungsvorschriften zu beachten. Das Verfalldatum der Nährstoffwirkung ist zu notieren, zum Beispiel auf einem mitgelieferten Kleber direkt am Pflanzengefäß. Die vom Hersteller angegebene Wirksamkeitsdauer ist ein Durchschnittswert. Bei sehr starkwüchsigen Pflanzen kann der Nährstoffvorrat schon früher, bei genügsamen Pflanzen erst später aufgebraucht sein. Für Kleingefäße sollten nur Nährstoffbatterien Verwendung finden. Wird loses Granulat in Kleingefäße geschüttet, so besteht die Gefahr, daß der Wasserstandsanzeiger verklemmt. In einem solchen Fall kann er meistens durch Schütteln und Spülen unter dem Wasserhahn wieder gängig gemacht werden.

Ausspülen der alten Nährlösung

Alle 3 bis 4 Monate, beim Gebrauch von Langzeit-Vollnahrung auf der Basis von Ionenaustauschern erst bei der Erneuerung nach rund 6 Monaten, sind die Rückstände der verbrauchten Nährlösung vollständig auszuspülen. Der Grund dafür liegt einerseits in der Tatsache, daß jede Pflanze mit der Zeit alte Wurzeln abstößt – so wie Mensch und Tier Haare verlieren – und diese dann zu Fäulnisbildung führen können. Anderseits ist bekannt, daß gewisse Pflanzen Giftstoffe absondern, die das Wachstum anderer Pflanzen hemmen. Ein weiterer Grund sind die durch das Gießwasser und die bei Verwendung von flüssiger Vollnahrung anfallenden Ballaststoffe (Salze).

Bei **Kleingefäßen** sind die Einsatztöpfe herauszunehmen und von oben mit sauberem, handwarmem Wasser, zum Beispiel mittels einer Badewannenbrause, gut durchzuspülen, wobei es die meisten Grünpflanzen schätzen, wenn das Blattwerk ebenfalls überbraust wird. Vor dem Überbrausen den Wasserstandsanzeiger entfernen, da er sonst durch den Wasserfilm im Schaft blockiert werden kann. Gefäß ausspülen und reinigen und Einsatz mit Wasserstandsanzeiger zurück ins Gefäß stellen.

Bei **Großgefäßen** ist der Blähton von oben mit sauberem, handwarmem Wasser zu übergießen. Dann wird das Wasser – am einfachsten mit einer im Handel erhältlichen billigen Vorrichtung (Abb. siehe S. 31) – vollständig abgesaugt. Oder man verwendet den bekannten Trick der Aquarienfreunde: Schlauch

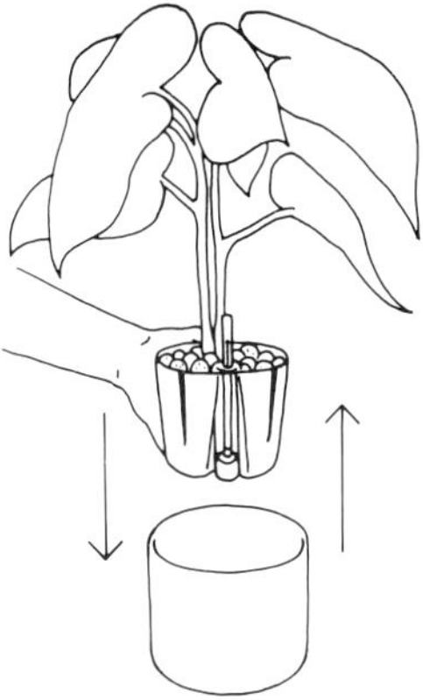

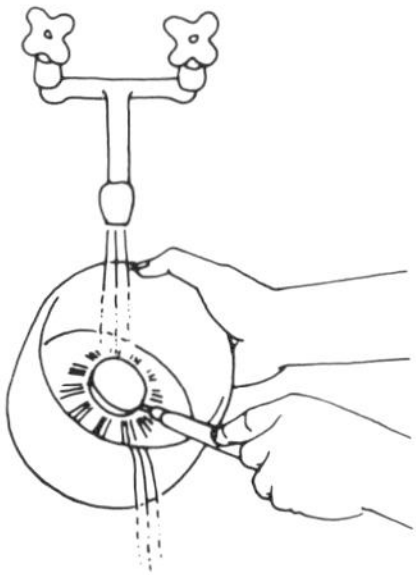

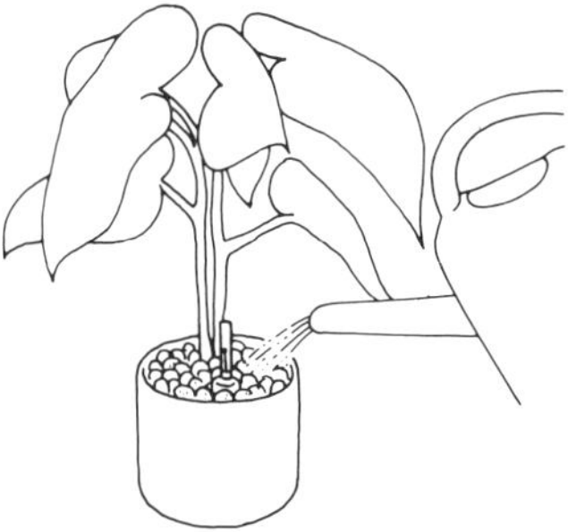

Oben: Ausspülen der alten Nährlösung bei Kleingefäßen.

Rechts: Skala des Wasserstandsanzeiger zeigt optimalen Nährlösungsspiegel (roter Stab auf ½-Marke). Nur bei sehr hellem Standort, bei Pflanzen mit großem Habitus und vor längerer Abwesenheit bis zur oberen Markierung (1 oder Maximum) auffüllen. Erst nachgießen, wenn die untere Markierung (0 oder das Minimum) erreicht ist.

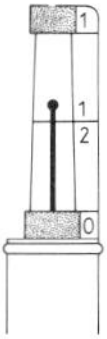

Ausspülen der alten Nährlösung bei Großgefäßen. Vorgehen:
1. *Schlauchende bis zuunterst in den Absaugkanal einführen.*
2. *Das andere Ende des Schlauches so tief wie möglich in einen Eimer hängen lassen.*
3. *Das Schlauchende im Eimer fest mit der Hand verschließen und mit der anderen Hand die Pumpe betätigen.*
4. *So lange drücken, bis der Schlauch völlig mit Nährlösung gefüllt ist.*
5. *Schlauch loslassen und die verbrauchte Lösung abfließen lassen. Das funktioniert aber nur, wenn das Gefäß auf einem mindestens 10 cm hohen Unterbau steht.*

mit Wasser füllen, ein Ende mit dem Daumen verschließen, das andere Ende rasch ins Absaugrohr tauchen und das Wasser in ein Auffanggefäß fließen lassen, das tiefer steht als der Pflanzentrog. Großgefäße stehen deshalb am besten auf einem Unterbau, da sonst das Absaugen nur mit einer elektrischen Pumpe möglich ist. Wird der Blähton nicht von Zeit zu Zeit durchgespült, so kann es vorkommen, daß weiße, kristallartige Ausscheidungen an den oberflächlichen Blähtonkörnern auftreten. Es handelt sich dabei um Kalk- und Düngerrückstände, die für das Pflanzenwachstum unschädlich sind, solange sie nicht in den Wurzelraum zurückgespült werden. Man kann sie beseitigen, indem die oberste Blähtonschicht von 2 bis 3 Zentimetern abgetragen und ersetzt wird.

Zurückschneiden der Pflanzen

Besonders wichtig ist das Stutzen der schnell- und hochwachsenden Pflanzen bereits zu dem Zeitpunkt, wo sie die Blätter an der Basis noch nicht verloren haben.

Dadurch kann man sogar die Wuchsform wesentlich beeinflussen.

Wenn möglich, schneidet man auf eine Blattachse zurück, worauf aus den unter der Schnittstelle liegenden Augen Verzweigungen heranwachsen. Häufiges Stutzen gibt gedrungene, buschige Pflanzen. Bei Schlingpflanzen, wie zum Beispiel Philodendron, sollten mindestens drei Triebe pro Gefäß vorhanden sein. So braucht man immer nur den höchsten Trieb zurückzuschneiden, und die kleineren Triebe geben der Pflanze auch an der Basis ein gutes Aussehen. Auch ältere Pflanzen mit Stämmen, die zu wuchtig werden und an der Basis kein Laub mehr aufweisen, können noch bis ins alte Holz zurückgeschnitten werden. Es dauert jedoch Monate, bis die schlafenden Augen im Holz zu neuem Austrieb führen. Der Rückschnitt erfolgt am besten im Frühling und im Sommer.

Umtopfen in größere Gefäße

Ein Umtopfen ist erst dann nötig, wenn das Gefäß wegen zu hohen Wachstums der Pflanze zu kippen droht oder wenn Pflanzen zu häufig gegossen werden müssen.

Beim Umtopfen von Kleingefäßen ist der alte Einsatztopf grundsätzlich zu entfernen. Bei stark durchgewachsenen Wurzeln muß der Topf allenfalls von den Bodenschlitzen her aufgeschnitten werden. Alle alten und abgefaulten Wurzeln und Wurzelreste sowie der verschmutzte Blähton sind aus dem Wurzelballen zu entfernen.
Vor dem Neueintopfen wird das unterste Topfdrittel mit Blähton gefüllt. Die Wurzeln der Pflanzen werden so stark gekürzt, daß sie gut in den beiden oberen Topfdritteln Platz finden.
Nach dem Umtopfen ist die Pflanze mit handwarmem Leitungswasser ohne Nährstoffe zu gießen. Erst beim ersten Nachgießen ist Vollnahrung in der angegebenen Dosierung beizufügen. Auch sonst ist einige Wochen lang schonende Behandlung angebracht: Die Pflanze sollte keinesfalls der direkten Sonnenbestrahlung ausgesetzt sein, auch Zugluft ist zu vermeiden.
Die Blätter sind gelegentlich zu besprühen. Wenn viele Wurzeln weggeschnitten werden mußten, ist die Pflanze durch eine Plastikhaube vor zu großer Verdunstung zu schützen.

Blattpflegeprodukte
Damit die Blätter von Grün- und Blattpflanzen nicht verstauben, sind sie regelmäßig mit einem weichen Lappen abzureiben. Zur Erzielung von Glanz und zur Entfernung von Wasser- oder Düngerflecken gibt es verschiedene Pflegeprodukte auf dem Markt: Blattglanztüchlein, Blattglanzmittel, die in Wasser aufgelöst und mit einem Schwamm aufgetragen werden, oder die weitverbreiteten Blattglanzsprays. Sprays dürfen weder auf Pflanzen mit weichen oder behaarten Blättern wie Begonia, Peperomia, Poinsettia, Saintpaulia, Farne usw. noch in offene Blüten gesprüht werden. Auf alle Fälle muß aus einer Distanz von mindestens 30 bis 35 Zentimetern gesprüht werden, damit die kalten Treibgase sich an der Luft erwärmen können und die Blätter nicht beschädigen. Stark verstaubte Blätter mit Blattglanzspray einsprühen und dann mit Wollappen abreiben. Diese Maßnahme ist je nach Staubanfall ein- bis zweimal pro Jahr zu empfehlen. Niemals die Pflanzen nur übersprühen, ohne den Staub zu entfernen!

Pflanzen findet man heute in jedem fortschrittlich konzipierten Büroraum, da sie zu einer besseren Arbeitsatmosphäre wesentlich beitragen. Der geringe Pflegeaufwand von Hydrokultur-Pflanzenanlagen fällt vor allem bei mehreren Gefäßen kostensenkend ins Gewicht. Pflege- und Unterhaltsarbeiten werden heute oft im Vollserviceabonnement durch spezialisierte Hydrokultur-Fachunternehmen besorgt. Die Hydrokultur hat an Büroarbeitsplätzen die Erdkultur in den letzten Jahren weitgehend verdrängt.

Schädlinge und Krankheiten

Die Bekämpfung von Schädlingen und Krankheiten bei Hydrokultur unterscheidet sich grundsätzlich nicht von jener bei Erdkultur. Besser ist jedoch die Vorbeugung: Beim Einkauf immer nur garantiert gesunde Pflanzen wählen. Oft ist es besser, stark schädlingsbefallene oder bereits geschädigte Pflanzen wegzuwerfen, da eine gründliche und lückenlose Schädlingsbekämpfung wegen der hohen Giftigkeit vieler Insektizide nicht immer leicht durchführbar ist. Ist der Befall noch nicht zu stark fortgeschritten, können die von Schädlingen befallenen Pflanzenteile weggeschnitten werden.

Beim Besprühen der Pflanzen mit Insektiziden ist unbedingt die ganze Pflanze einschließlich des Stammes und der Blattunterseite zu benetzen. Schädlinge halten sich mit Vorliebe auf der Blattunterseite auf! Um die Wirkung sicherzustellen, sind die befallenen Pflanzen in Intervallen von 8 bis 10 Tagen dreimal zu behandeln. Auf diese Weise werden auch die Schädlinge erfaßt, die sich bei der ersten Spritzung noch im Ei- oder Larvenstadium befanden.

Bodenschädlinge oder Pilzkrankheiten im Wurzelraum treten bei Hydrokultur in der Regel nicht auf. Sollte dies trotzdem einmal der Fall sein, dann können die bei Erdkultur üblichen Insektizide oder Fungizide verwendet werden. Die nach Angaben des Herstellers zubereitete Brühe wird auf den Blähton gesprüht, bis der Wurzelballen naß ist, aber ohne daß ein Überschuß in die Nährlösung gelangt. Geschieht dies trotz aller Vorsicht, dann muß nach der Anwendung die Nährlösung sofort abgesaugt und ersetzt werden.

Saugende Schädlinge wie Blattläuse und Thrips können auch mit dem Insektizid «Systemschutz D-Hydro» bekämpft werden. Man gibt es in die Nährlösung, wo es von den Wurzeln aufgenommen wird und schließlich in den Pflanzensaft gelangt. In der Schweiz und in Österreich ist dieses Insektizid nicht zugelassen.

1

2

3

4

5

6

1 Spinnmilben sind die häufigsten Schädlinge in Innenräumen. Man sieht sie kaum, denn sie sind nur knapp 0,5 mm lang.

2 Bei starkem Spinnmilbenbefall werden die Pflanzen mit feinsten Gespinsten überzogen.

3 Blattläuse. **4** Wolläuse. **5** Schildläuse. **6** Thripse (Blasenfüße).

Pflanzenvermehrung — ein faszinierendes Hobby

Die beim Zurückschneiden anfallenden Stecklinge können das Ausgangsmaterial für eine neue, faszinierende Freizeitbeschäftigung werden: das Aufziehen von Jungpflänzchen. Auch aus Samen lassen sich zahllose Pflanzenarten züchten, insbesondere auch Blütenpflanzen, die im Hydrokulturhandel leider noch ziemlich untervertreten sind. Die Pflanzenvermehrung ist in Hydrokultur besonders gut möglich.

Stecklinge

Man unterscheidet Triebstecklinge, Augenstecklinge und Blattstecklinge (siehe Abbildungen rechts). Sämtliche Stecklinge werden mit einem scharfen Messer oder mit einer Rasierklinge schräg abgeschnitten. Auf diese Weise entsteht eine große Wundfläche mit unverletzten Rändern, die schnell ausheilt und eine Gewebewucherung (Kallus) bildet, aus der dann die Würzelchen austreiben.

Triebstecklinge dürfen nicht zu groß sein, da sie sonst zu viel Wasser verdunsten. In der Regel sollen sie zwischen 5 und 10 cm lang und mit etwa 3 bis 5 ausgewachsenen Blättern versehen sein. Man nimmt sie von der Triebspitze (Kopfsteckling), aber bei manchen holzigen Pflanzen kann man auch einfach ein Stück aus dem reifen Holz schneiden. Bei großblättrigen Pflanzen empfiehlt es sich, die untersten Blätter um die Hälfte zurückzustutzen, um die Verdunstung zu drosseln. Stecklinge von Gummibäumen rollt man zu diesem Zweck in ihre eigenen Blätter ein und bindet diese mit Bast oder mit einem Gummibändchen zusammen.

Bewurzeln: Die geschnittenen Stecklinge werden entweder in ein Glas Wasser gestellt oder in ein Gefäß mit wassergetränktem Perlit oder einem anderen nichtfaulenden anorganischen Substrat. Man stellt sie an einen hellen, warmen und möglichst feuchten Standort, niemals direkt an die Sonne. Stecklinge von weichblättrigen Pflanzen müssen mit einem Verdunstungsschutz (Plastikhaube) versehen oder regelmäßig besprüht wer-

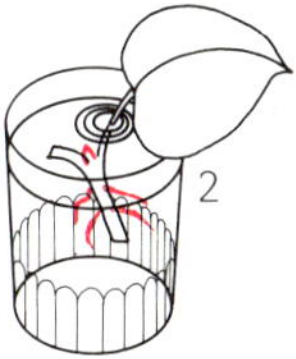

1 Triebstecklinge
2 Augenstecklinge
3 zurückgeschnittene Pflanze mit neuen Austrieben
4 Blattstecklinge
5 Blattsteckling mit jungen Wurzeln, die aus dem Kallus austreiben; gut zum Eintopfen in Blähton

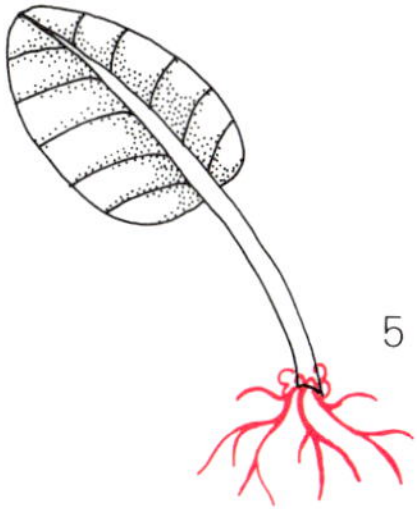

Ableger: Seitentriebe aus dem Wurzelwerk oder oberirdische Ausläufer von der Mutterpflanze abtrennen und, sofern sie bereits Wurzeln haben, direkt in Blähton eintopfen.

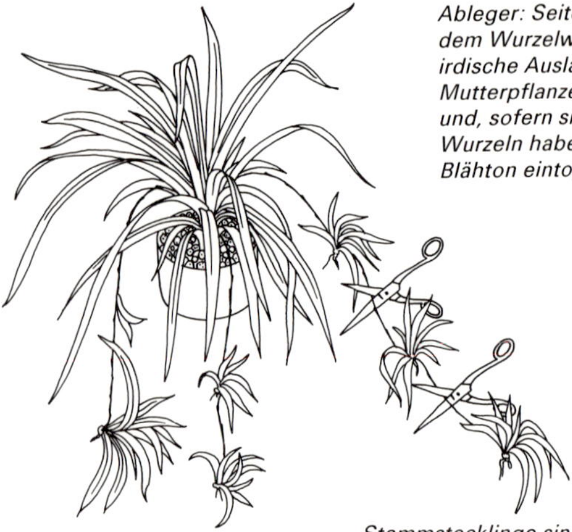

Stammstecklinge sind Stammstücke ohne Blätter, die mindestens 2 bis 3 Knoten aufweisen. Zum Bewurzeln waagerecht auf ein Vermehrungssubstrat legen oder in ein Wasserglas stellen. Geeignete Vermehrungsmethode für Aglaonema, Dieffenbachia, Dracaena, Yucca.

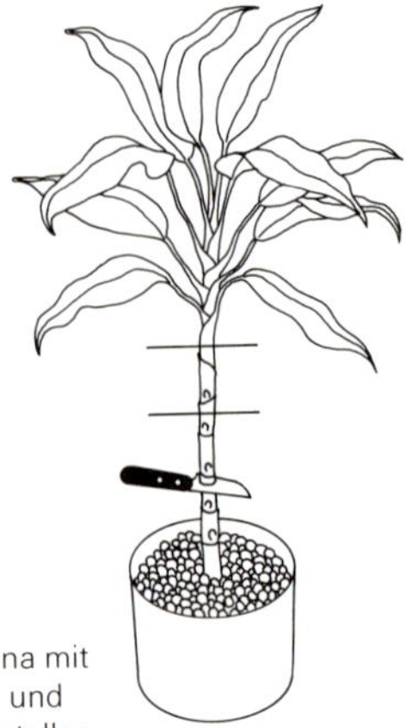

Dracaena mit Knoten und Schnittstellen.

Austreibender Stammsteckling im Wasserglas.

Zurückgeschnittene Pflanze mit neuen Austrieben.

den. Später, wenn sich Wurzeln gebildet haben, werden die Pflänzchen in der üblichen Weise in Blähton eingetopft (siehe S. 65).
Bei **Stecklingen von Kakteen** und von anderen dickfleischigen Sukkulenten muß die Schnittfläche einige Tage an der Luft eintrocknen, um Fäulnis zu vermeiden. Erst nachher direkt in Blähton eintopfen.
Stecklinge von Euphorbia (Wolfsmilchgewächse) sind nach dem Schneiden sofort in warmes Wasser einzutauchen, damit die Schnittfläche nicht verklebt.

Luftableger
Bei stark wachsenden und verholzenden Pflanzen, wie z. B. Araucaria, Codiaeum, Ficusarten, Schefflera, Orangenbäumchen usw., die mit dem Alter an der Triebbasis kahl werden, kann man bis ins alte Holz zurückschneiden. Der abgeschnittene Kopf wird sich jedoch in der Regel nicht bewurzeln. In diesen Fällen muß die Bewurzelung noch auf der Pflanze geschehen (siehe Abbildung S. 60).

Vermehrung aus Samen
Zur Aussaat können genau dieselben Saatschalen und Zimmergewächshäuschen verwendet werden, wie sie für Erdkultur im Handel sind. Als Substrat eignen sich am besten Perlit oder Vermiculit, in einer je nach Samenkorngröße rund 2 bis 4 cm dicken Schicht. Darauf werden die Samen ausgesät. Achtung: Es gibt Samen, die zum Keimen Licht benötigen (Lichtkeimer), und solche, die nur unter Lichtabschluß keimen (Dunkelkeimer). Dunkelkeimer werden mit einer Schicht Sand abgedeckt, deren Dicke ungefähr der Korngröße des Samens entspricht.
Gegossen wird zunächst mit gewöhnlichem, auf Zimmertemperatur erwärmtem Leitungswasser. Sobald die Samen gekeimt sind, ist bei jedem Gießen flüssige Hydrokultur-Vollnahrung nach Gebrauchsanweisung beizufügen. Die jungen Sämlinge werden entweder in eine mit Perlit oder Vermiculit gefüllte Schale pikiert oder direkt in Blähton mit feiner Körnung eingetopft.

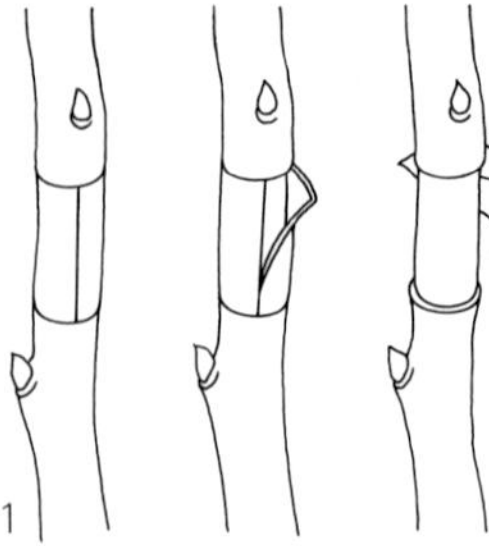

1

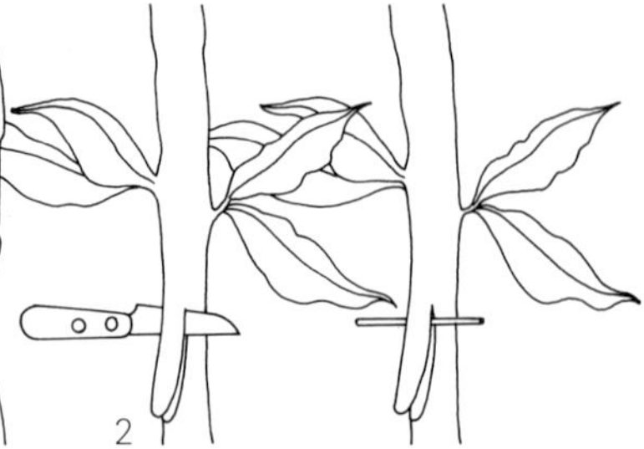

2

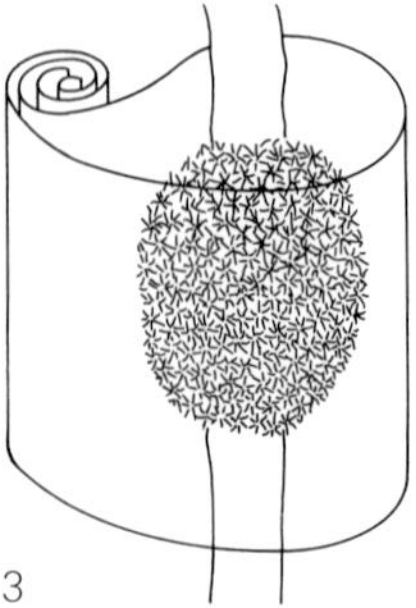

3

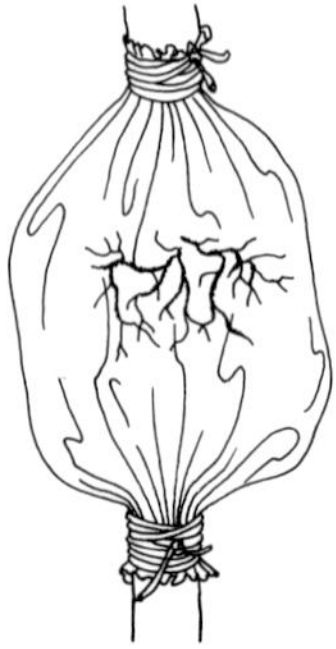

4

Auch bei der Samenvermehrung ist eine genügend hohe Temperatur (bei Topfpflanzen 22 bis 25 Grad Celsius) erforderlich, da sich sonst die Wurzeln zu langsam entwickeln und die Gefahr von Fäulnis besteht. Saatschalen stellt man deshalb am besten auf das Fensterbrett über den Heizkörper. Die meisten Pflanzen geben sich jedoch mit Zimmertemperatur durchaus zufrieden.

Oben: Coleus, durch Samenvermehrung aufgezogen. Coleus sollte man häufig zurückschneiden, da sie sonst zu hoch werden. Die Triebspitzen vom Frühjahresrückschnitt kann man als Stecklinge verwenden.

Links: Luftableger

1. *Mit scharfem Messer Rinde auf ungefähr 4 cm Länge abschälen.*
2. *Verholzte Stämme bis zur Hälfte einschneiden und mit Zahnstocher verkeilen.*
3. *Eine Handvoll wassergetränktes, kapillares Substrat (Vermiculit, Perlit usw.) mit durchsichtiger Plastikfolie anbringen.*
4. *Sind neue Wurzeln sichtbar, Pflanzenkopf abtrennen, Substrat leicht abschütteln und Pflanze eintopfen.*

Umstellen von Erd- auf Hydrokultur

Wer einmal eine Hydrokulturpflanze mit Erfolg gepflegt hat, wird früher oder später den Wunsch verspüren, auch alle seine übrigen Pflanzen, die noch in Erdkultur wachsen, auf Hydrokultur umzustellen. Bei vielen Pflanzen ist dies ohne große Probleme möglich, bei anderen ist mit einem Ausfallrisiko zu rechnen.

Am besten gelingt die Umstellung bei
- jungen, wüchsigen Pflanzen
- Grün- und Blattpflanzen mit hartem Laub.

Die Umstellung ist das ganze Jahr über möglich. An Orten, wo in den Wintermonaten wenig Sonne vorhanden ist, sollte dagegen nur im Frühjahr und im Sommer umgestellt werden.

Als Faustregel gilt: Je höher die Pflanzen beim Umstellen sind, desto größer ist das Ausfallrisiko. Sobald die Pflanzen über einen halben Meter hoch sind, ist ein Erfolg nur noch bei Ficus, Dracaenen, Philodendron und Yucca gewährleistet.

Als ich noch selber in privaten Haushalten Beratungen durchführte, habe ich öfters größere und ältere Pflanzen, z. T. sogar «Veteranen», umgestellt. Wenn die Pflanze in Erdkultur wüchsig ist, was meistens einen guten Standort voraussetzt, dann sollte man die Pflanze nach dem Umstellen unbedingt an ihrem alten Standort belassen.

Blühende Pflanzen sind im allgemeinen schwierig umzustellen, mit Ausnahme der Knollen- und Zwiebelgewächse, der Kakteen und Sukkulenten, Clivia, Saintpaulia sowie der eher zu den Grünpflanzen zählenden blühenden Blattpflanzen wie Hoya, Stephanotis, Anthurium, Spatiphyllum usw. Die zwei Letztgenannten bilden meistens erst nach 4 bis 6 Monaten neue Wurzeln.

Vorgehen

Zuerst ist alles erforderliche Material bereitzustellen: Hydrokulturgefäß mit Wasserstandsanzeiger und Einsatztopf in der gewünschten Größe (Faustregel: gleich groß wie der Erdkulturtopf der umzustellenden Pflanze), Blähton. Im Handel sind Hobbypackungen mit komplettem Zubehörsortiment erhältlich. Fer-

Zubehör zum Eintopfen einer Pflanze oder zum Umstellen von Erd- auf Hydrokultur. Als «Sammel-» oder «Hobbypackung» im Hydrokultur-Fachhandel erhältlich.

ner ein scharfes Messer oder eine Schere für den Wurzelschnitt sowie zwei Plastikbecken: eines, um den Blähton zu waschen, und eines, um beim Eintopfen die herausfallenden Blähtonkügelchen aufzufangen.

Blähton waschen, bis das Wasser klar bleibt.

Wurzelballen von Erde befreien (Abb. 1 u. 2, S. 64). Pflanzen mit angetrocknetem Wurzelballen aus dem Topf nehmen, lose Erde sorgfältig entfernen. Dann mit lauwarmem Wasser gut auswaschen, am besten unter dem Wasserhahn oder unter der Brause. Darauf achten, daß wirklich alle Erdteilchen sowie andere tote organische Bestandteile vom Wurzelwerk entfernt sind. In hartnäckigen Fällen Wurzelballen über Nacht im Wasser einweichen. Erde keinesfalls herausreißen (Gefahr von Wurzelverletzungen mit späterer Fäulnis).

1

2

3

4

5

6

Links: Richtiges Zurückschneiden von zu langen Wurzeln.

Rechts: Aus dem alten Wurzelwerk bilden sich neue Wasserwurzeln.

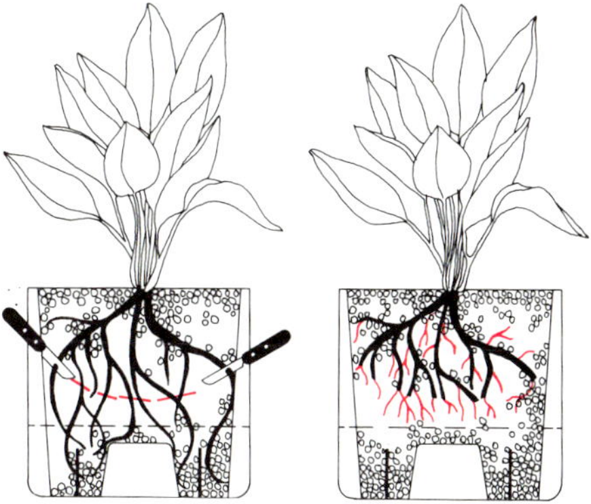

Wurzeln zurückstutzen (Abb. 3, S. 64). Faule und abgestorbene Wurzeln mit scharfem Messer oder Schere wegschneiden. Gesunde Wurzeln so stark zurückstutzen, daß sie maximal zwei Drittel der Topfhöhe ausfüllen. Niemals aus Angst zuwenig oder gar nicht kürzen, da sonst die Gefahr von Wurzelfäulnis mit späterem Absterben der gesamten Pflanze droht. Die alten Wurzeln aus der Erdkultur nützen der Pflanze in Hydrokultur praktisch nichts; sie muß neue Wurzeln bilden, die an das Blähtonsubstrat angepaßt sind. Dazu wird sie durch den Wurzelrückschnitt zusätzlich angeregt.

Nach dem Waschen und Schneiden den Wurzelballen nicht austrocknen lassen. Wenn nicht sofort eingepflanzt wird, in Wasser legen oder in ein nasses Tuch einwickeln.

Pflanze in Einsatztopf setzen (Abb. 4). Zuerst ein Drittel der Topfhöhe mit gewaschenem Blähton füllen. Pflanze in der gewünschten Position hineinhalten und darauf achten, daß das Wurzelwerk gut in der oberen Topfhälfte verteilt ist und nicht in einem Bündel zusammenklebt (Fäulnisgefahr). Dann Topf mit Blähton auffüllen, bis die Wurzeln vollständig bedeckt sind. Die Pflanze soll so tief eingesetzt werden, wie sie früher im Erdkulturtopf gestanden hat.

Das erste Gießen (Abb. 5, S. 64). Mit lauwarmem Leitungswasser, *ohne Nährstoffe,* bis zur $^1/_2$-Markierung (Optimummarke) des Wasserstandsanzeigers.
Pflanze an Standort bringen. Nach dem Umstellen braucht die Pflanze einen hellen, warmen Standort, zum Beispiel auf einem Fensterbrett oder dem Heizkörper. Direkte Sonnenbestrahlung ist hingegen zu vermeiden. Nötigenfalls durch Zeitung oder Packpapier schattieren.
Verdunstungsschutz (Abb. 6, S. 64). Pflanze in den ersten Wochen nach der Umstellung täglich zwei- bis dreimal mit Wasser besprühen. Noch besser ist ein durchsichtiger Plastiksack als Verdunstungsschutz, der über die Pflanze gestülpt wird. Im Handel sind sogenannte Klimazellen, bestehend aus einer Folienglocke, erhältlich. Durch regelmäßiges Lüften dafür sorgen, daß sich unter dem Plastiksack keine Fäulnis entwickelt. Der Verdunstungsschutz verringert das Ausfallsrisiko und empfiehlt sich besonders bei weichlaubigen Pflanzen. In problemlosen Fällen (junge, kräftige Hartlaubpflanzen) kann man auch darauf verzichten. Es ist absolut normal, wenn die Pflanzen nach dem Umstellen einige Blätter verlieren. Sobald sich die Pflanze an die Hydrokultur gewöhnt hat, beginnt sie wieder neu zu wachsen. Dies ist erkennbar an neuen Blättern und daran, daß die Pflanze nicht mehr welkt, sobald der Plastiksack entfernt wird.
Nachgießen. Erst wenn der Wasserstandsanzeiger das Minimum anzeigt, auf keinen Fall früher! Ab dem zweiten Gießen Vollnahrung, in flüssiger oder Langzeitform, nach Gebrauchsanweisung beifügen.

Die wichtigsten Pflanzen und ihre Ansprüche

Grundsätzlich gedeihen alle Zimmerpflanzen auch in Hydrokultur. Trotzdem findet man nicht das gesamte von der Erdkultur bekannte Sortiment im Handel vor. Dies liegt zum einen daran, daß bisher bewußt auf kurzlebige Pflanzen verzichtet wurde. Zu ihnen zählen viele Blüher wie Gloxinien, Primeln, Chrysanthemen usw. Zum anderen gibt es empfindliche Pflanzen, die wegen der allgemein ungünstigen Standortbedingungen in Wohnräumen in den meisten Fällen zu baldigem Absterben verurteilt sind.

Viele grün- und buntblättrige tropische Blattpflanzen gedeihen jedoch sehr gut in Innenräumen. Eine Auswahl solcher bewährter Hydrokulturpflanzen ist auf Seite 68 ff. abgebildet. Man unterscheidet Pflanzen mit geringen, mit mittleren und mit hohen Lichtansprüchen, wobei folgende Richtwerte gelten:

Lichtansprüche	**Beleuchtungsstärke in Lux**		**Maximale Entfernung zum Fenster**
	ideal	absolutes Minimum	
gering	800 bis 1500	500 bis 800	ca. 4 bis 5 m
mittel	1000 bis 2500	750 bis 1000	ca. 2 m
hoch	2500 bis 5000	2000	ca. 0,5 m

Pflanzen mit *geringen* Lichtansprüchen gedeihen auch bei mittleren Lichtverhältnissen sehr gut, jedoch nicht an stark besonnten Südfenstern ohne Schattierung. Die Vertreter der *mittleren* Lichtansprüche eignen sich auf keinen Fall für schattige, hingegen vorzüglich für helle Standorte, wenn sie vor der prallen Mittagssonne geschützt werden. Pflanzen mit *hohen* Lichtansprüchen sollten prinzipiell nur am Fenster aufgestellt werden.

Anmerkung zu den folgenden Seiten: *Mit den Symbolen* K, T *und* W *werden die Temperaturbedürfnisse der abgebildeten Pflanzen bezeichnet.* K *(kalt) = 5 bis 15° C,* T *(temperiert) = 10 bis 18° C,* W *= (warm) = 16 bis 26° C. In Klammern = Heimat.*
Kultivar = in gärtnerischer Kultur herausgezüchtete Pflanze.

Geringe Lichtansprüche
(Nr: 1—22)

1 Spatiphyllum wallisii W
Einblatt (Venezuela, Kolumbien)

2 Schefflera actionophylla W
Strahlenaralie (Australien, Neuguinea)

3 Dracaena deremensis W
«Janet Craig Compacta»
Drachenbaum (Puerto Rico, USA)

4 Hedera helix K-T
Zimmerefeu (Europa)

5 Aucuba japonica K-T
Goldorange (Japan)

6 Philodendron erubescens «Red Emerald»
Errötender Baumfreund (Kolumbien) W

7 Aglaonema commutatum «Silver King»
Kolbenfaden (Südostasien) W

8 XFatshedera lizei T
Efeuaralie (Kreuzung)

9 Chamaedorea elegans W
Bergpalme (Mittel- und Südamerika)

10 Dracaena fragrans «Massangeana» W
Drachenbaum (Tropisches Afrika)

11 Schefflera arboricola W
Strahlenaralie (Taiwan)

12 Monstera deliciosa «Borsigiana» T-W
Baumfreund (Mexiko, Guatemala)

13 Epipremnum aureum W
Efeutute (Südostasien)

14 Syngonium podophyllum W
Purpurtute (Mittel- und Südamerika)

15 Cordyline fruticosa «Volkartii» W
Keulenlilie (Kultivar)

16 Cissus rhombifolia «Ellen Danica» T-W
Klimme (Südamerika)

17 Dracaena deremensis W
Drachenbaum (Ostafrika)

18 Cordyline fruticosa W
Keulenlilie (Ostasien, Australien)

19 Philodendron scandens W
Baumfreund (Mexiko)

20 Ficus lyrata W
Geigenfeige (Westafrika)

21 Aglaonema commutatum W
«Pseudobrac teatum».
Kolbenfaden (Indonesien)

22 Howeia forsteriana T-W
Kentiapalme (Australien)

Mittlere Lichtansprüche
(Nr: 23–43)

23 Aechmea fasciata W
Lanzenrosette (Brasilien)

24 Pandanus veitchii W
Schraubenbaum (Polynesien)

25 Hoya carnosa «Variegata» W
Wachsblume (China, Australien)

26 Sansevieria trifasciata «Laurentii» W
Bogenhanf (Westafrika)

27 Ficus elastica «Decora» W
einfacher Gummibaum (Südostasien)

28 Dieffenbachia maculata «Exotica Perfecta». (Südamerika) W

29 Vriesea splendens W
Vriesee (Mittelamerika)

30 Dizygotheca elegantissima W
Fingeraralie (Neukaledonien)

31 Dieffenbachia amoena «Tropic snow»
(Kolumbien, Costa Rica) W

32 Peperomia obtusifolia «USA» W
Pfeffergesicht (Südamerika)

33 Anthurium andreanum W
Flamingoblume (Mittel- und Südamerika)

34 Ficus pumila T-W
Kletterfikus (Japan, China)

35 Ficus australis T-W
Gummibaum (Australien)

36 Ananas comosus «Variegatus» W
Zierananas (Brasilien)

37 Paphiopedilum W
Venusschuh (Ostasien)

38 Saintpaulia ionantha W
Usambaraveilchen (Ostafrika)

39 Ficus benjamina W
Birkenfeige (Indien)

40 Phalaenopsis W
Phalaenopsis (Südostasien)

41 Nephrolepis exaltata T-W
Schwertfarn (Tropen)

42 Cryptanthus bromelioides «Tricolor»
Versteckblüte (Südamerika) W

43 Dracaena marginata W
Drachenbaum (Madagaskar)

Hohe Lichtansprüche (Nr: 44–57)

44 Dracaena marginate «Tricolor» W
Drachenbaum (Kultivar)

45 Cocos nucifera W
Kokospalme (Südsee)

46 Araucaria heterophylla T-W
Zimmertanne (Ozeanien)

47 Codiaeum variegatum W
Wunderstrauch (Südostasien)

48 Yucca elephantipes T-W
Riesenpalmlilie (Mexiko, Guatemala)

49 Codiaeum variegatum «Goldstar» W
Wunderstrauch/Kroton (Südostasien)

50 Beaucarnea recurvata T-W
Flaschenpalme (Mexiko)

51 Agave americana «Marginata» T-W
Agave (Mexiko)

52 Euphorbia hermentiana T-W
Kaktus-Wolfsmilch (SW-Afrika)

53 Euphorbia milii «Gabriela» T-W
Christusdorn (Madagaskar)

54 Aloe brevifolia T-W
Bitterschopf (Tropisches Afrika)

55 Euphorbia ingens W
Kaktus-Wolfsmilch (SO-Afrika)

56 Cereus peruvianus monstrosus W
Säulenkaktus (Südamerika)

57 Pachypodium lameri T-W
Madagaskarpalme (Madagaskar)

Blütenpflanzen zum Selberziehen	Umstellen von Erd- auf H. K. ja	nein	Stecklinge	Knollen oder Zwiebeln	Saat
Abutilon	X		X		X
Acalypha	X		X		
Achimenes		X	X	X	
Aeschynanthus	X		X		
Allamanda	X		X		
Anthurium	X		X		
Aphelandra	X		X		
Amaryllis	X			X	
Azalea		X			
Begonia Elatior Rieger		X	X		
Beloperone		X	X		
Bougainvillea	X				
Bromeliaceae diverse, wie: Aechmea, Guzmania, Nidularium, Vriesea	X				
Browallia		X	X		X
Brunfelsia	X				
Cactaceae diverse	X		X		X
Camellia		X			
Calceolaria		X			X
Campanula		X	X		
Capsicum		X			X
Cineraria		X			X
Citrus		X			
Chrysanthemum		X	X		
Clerodendron	X		X		
Clivia	X				
Columnea	X		X		
Crossandra	X		X		
Cyclamen		X			
Dipladenia	X		X		
Echeveria setosa	X		X		
Epiphyllum	X		X		
Erica gracilis		X			

Blütenpflanzen zum Selberziehen	Umstellen von Erd- auf H. K. ja	nein	Steck-linge	Knollen oder Zwiebeln	Saat
Euphorbia milii	X		X		
Euphorbia pulcherrima		X	X		
Exacum affine		X			X
Gardenia	X		X		
Gesneria		X		X	
Gloriosa		X		X	
Gloxinia		X		X	
Hibiscus	X		X		
Hoya	X		X		
Hydrangea		X	X		
Ixora	X		X		
Kalanchoe	X		X		
Medinilla	X				
Orchidaceae	X				
Ornithogalum	X			X	
Pachystachys		X	X		
Passiflora		X	X		
Pavonia	X		X		
Primula		X			X
Punica	X		X		
Rhipsalidopsis	X		X		
Saintpaulia	X		X		
Spatiphyllum	X				X
Sprekelia	X			X	
Stephanotis	X		X		
Streptocarpus	X		X		
Thunbergia		X			X
Vallota	X			X	

Blütenpflanzen

Es gibt eine Anzahl langlebiger Blütenpflanzen, die man selber in Hydrokultur heranziehen kann, sei es durch Samen- oder Stecklingsvermehrung, durch Knollen, Zwiebeln oder durch Umstellung von Erd- auf Hydrokultur. Zum Umstellen eignen sich in der Regel nur Jungpflanzen ohne Blüten.
Die artspezifischen Pflegemaßnahmen zur Einleitung der Blütenbildung (Ruhe-, Kühlperiode usw.) können im Rahmen dieses Taschenbuches nicht besprochen werden.

Knollen- und Zwiebelpflanzen

Man zählt sie zu den einfachsten Hydrokulturpflanzen, da sie problemlos in Blähton eingetopft werden können. Pflegt man sie nach der Blüte regelmäßig weiter und sorgt auch für die erforderliche Ruhezeit, so blühen sie alle Jahre wieder. Die Zwiebeln nehmen im Verlauf der Jahre immer mehr an Umfang zu, und es ist sogar schon vorgekommen, daß sie ihr Gefäß sprengten. Die Pflanztiefe und die für das Antreiben speziellen Pflegemaßnahmen, wie z. B. Dunkel- und Kühlhalteperiode bei Hyazinthen, Tulpen, Narzissen usw., sind genau gleich wie in der Erdkultur. Beim Eintopfen ist darauf zu achten, daß zwischen Zwiebelboden und maximalem Wasserstand noch immer ein Zwischenraum von mindestens 1 bis 2 cm übrigbleibt. Auf diese Weise kann keine Fäulnis entstehen. Beim Antreiben wird so lange nur mit reinem Wasser gegossen, bis der Sproß erscheint. Danach ist regelmäßig Vollnahrung zu verabreichen. Während der bei allen Knollen- und Zwiebelpflanzen erforderlichen Ruhezeit sind die Hydrokulturgefäße nicht mehr zu gießen und für mindestens 3 bis 4 Monate trockenzuhalten. Die langsam absterbenden Blätter dürfen erst weggeschnitten werden, wenn sie vollständig abgedorrt sind. Vor dem Neuantreiben erübrigt sich das Umtopfen; man beginnt einfach wieder mit den Wassergaben. Geeignet für mehrjährige Kultur sind besonders Amaryllis, Achimenes, Sprekelia, Vallota usw. Bei den frühlingsblühenden Zwiebelpflanzen, wie Hyazinthen, Muscari, Scilla, Crocus, Tulpen, Narzissen usw., ist nur ein einmaliges Antreiben sinnvoll.

Oben: Euphorbia milii (Christusdorn). V. r. n. l.: Mutterpflanze, bewurzelter Steckling, eingetopfte Jungpflanze.

Achimenes, aus Knollen gezogen

Amaryllis

1 2
3 4

Vermehrung von Ripsalidopsis (Osterkaktus; rechte Seite oben ein von mir selbst gezogenes Exemplar) und von Saintpaulia (Usambaraveilchen, rechte Seite unten), durch Blattstecklinge.

Ripsalidopsis: Einzelne Glieder von der Mutterplanze so abreißen, daß jeweils ein kleiner Ansatz des anschließenden Gliedes am unteren Ende hängenbleibt, in Bewurzelungssubstrat (Perlit, Vermiculit) stecken und Verdunstungsschutz anbringen (1). Beim Eintopfen in Blähton immer 4 bis 5 bewurzelte Glieder zusammen pflanzen, um einen buschigen Wuchs zu erreichen (2, 3). Im Gegensatz zum Weihnachtskaktus blüht der Osterkaktus im Frühjahr. Er benötigt zur Blütenbildung niedrige Nachttemperaturen um 10° C während 60 bis 70 Tagen.

Saintpaulia: Blätter einfach von der Mutterpflanze abbrechen, bewurzeln sich leicht in einem Wasserglas (4). Sobald die Würzelchen vorhanden sind, direkt in Blähton eintopfen. Aus einem Blatt entsteht eine neue Pflanze.

Curry

Kakteen und Sukkulenten

Sie vertragen die trockene Luft unserer Wohnräume gut. Bedingung ist ein heller Standort, möglichst auf dem Fenstersims. Bei Gießen und Düngen nach allgemeiner Pflegeanleitung sind keine Blüten zu erwarten. Sie entwickeln sich nur, wenn die frühlingsblühenden Kakteen und Sukkulenten im Winter mindestens drei Monate lang in einen kühlen, aber dennoch hellen Raum gestellt und nicht mehr gegossen und gedüngt werden. Nur noch von Zeit zu Zeit den Blähton leicht annetzen, damit die Wurzeln nicht vertrocknen.

Orchideen

Sie gedeihen sehr gut in Hydrokultur, denn Blähton besitzt gegenüber den herkömmlichen organischen Substraten nur Vorteile. Sollen Orchideen in der Wohnung gedeihen und aufblühen, müssen ihre besonderen Pflegeansprüche beachtet werden, insbesondere eine hohe relative Luftfeuchtigkeit von 60 bis 70 Prozent. Man besprüht sie deshalb regelmäßig mit kalkfreiem Wasser und stellt die Gefäße, wenn möglich, auf eine feuchte Blähtonunterlage.
Orchideen sind besonders empfindlich gegenüber hohem Wasserstand und «kalten Füßen». Man füllt deshalb nur minimal auf (1 cm auf der Anzeigeskala) und stellt das Gefäß, wenn möglich, über einem Heizkörper auf.

Was habe ich falsch gemacht?

Wenn Hydrokulturpflanzen nicht richtig wachsen wollen oder gar absterben, dann liegt dies garantiert nicht am System, sondern an falscher Pflanzen- bzw. Standortwahl oder an Pflegefehlern. Oft ist der Grund eine längere Abwesenheit, bei der meistens ein für die Pflanzen ungewohntes Raumklima entsteht. Die Gründe sind unter anderem:

zu große Temperatur- und Lichtschwankungen

geschlossene Fensterläden oder Lamellenstoren (Lichtmangel)

zu vieles oder zu weniges Lüften

zu häufiges Nachgießen

falsche Anwendung von Pflanzensprays.

Dieses Kapitel soll helfen, die Ursachen von Mißerfolgen herauszufinden. Sind Sie einmal erkannt und beseitigt, dann tritt in vielen Fällen schlagartig eine Verbesserung ein.

Pflanze wächst nicht
Ursache: Mit größter Wahrscheinlichkeit falsche Pflanzen- oder Standortwahl bzw. Licht- oder Nährstoffmangel. Oft wird auch der Fehler gemacht, bei einem stagnierenden Wachstum ständig Wasser nachzufüllen in der Meinung, je mehr Wasser, desto besser. Wie man es richtig macht, ist auf Seite 47 beschrieben.
Lichtmangel: Blätter fallen ab, Stengel zwischen den Blättern langgestreckt und dünn, junge Blätter langgestreckt und dünn, junge Blätter viel kleiner als normal und oft deformiert (z. B. Ausbleiben der Blattschlitze bei Philodendron pertusum). Tritt häufig dann auf, wenn Fensterläden oder Gardinen tagsüber ständig zugezogen sind oder wenn Balkone, große Bäume, Nachbargebäude usw. den Lichteintritt in den Raum stark beeinträchtigen. Oft ist auch der Abstand der Pflanze zum Fenster

Braunschwarze Yucca-Blattspitzen durch zu hohen Wasserstand.

Blätter von Aglaonema, oben gelb verfärbt als Folge von direkter Sonnenbestrahlung, unten normal gefärbt.

zu groß. Spezielle Pflanzleuchten ermöglichen auch in dunklen Raumzonen ein gutes Wachstum.

Nährstoffmangel: Meistens Stickstoffmangel. Alte Blätter werden gelb und fallen ab, junge Blätter sind gelblichgrün.

Blätter verfärben sich gelb

Ursachen sehr vielfältig. Meistens begleitet von zusätzlichen Symptomen, die eine genauere Diagnose der Ursache erlauben, siehe z. B. unter Nährstoffmangel, unsachgemäße Verwendung von Spritzmitteln, Schädlingsbekämpfung, Lichtmangel. Bei Standortwechsel, also in der ersten Zeit nach Kauf einer Pflanze, ist es hingegen absolut normal, wenn einige Blätter an der Basis gelb werden. Dies geschieht, weil sich die Pflanze an den neuen Standort, der meistens dunkler ist als das Gewächshaus, gewöhnen muß. Auch bei Beginn der Heizperiode und bei länger andauernden Nebelperioden im Winter können gelbe Blätter entstehen.

Zuviel Licht: Blätter werden gelblich oder sind mit großen braunen Flecken bedeckt (Verbrennungserscheinungen). Tritt bei Schattenpflanzen auf, die an sonnigen Südfenstern der direkten Sonnenbestrahlung ausgesetzt sind. Dies läßt sich durch Schattieren über die Mittagsstunden vermeiden. Für sonnige Südfenster sind speziell Sukkulenten, Kakteen und andere Pflanzen mit hohen Lichtansprüchen geeignet (siehe Seite 74 f.).

Blätter verfärben sich schwarz
Ursachen: Unterkühlung der Blätter durch zu tiefe Temperaturen, oft als Doppelwirkung mit Lichtmangel; zu hoher Wasserstand.

Blattnekrosen
Blätter beginnen an gewissen Stellen abzusterben und zu verdorren. Ursache: Schädlinge, Überdüngung, Chemikalien, zu trockene Luft. Abhilfe durch Luftbefeuchter; abgedorrten Blattteil ganz knapp entlang dem noch gesunden Teil mit der Schere abschneiden.
Überdüngung: Auch Absterben der Wurzeln und in schweren Fällen Tod der ganzen Pflanze. Kommt durch starke Überdosierung der Hydrokultur-Vollnahrung oder durch Verwendung von für die Hydrokultur ungeeigneten Erdkulturdüngern zustande. Abhilfe durch sofortiges Absaugen der Nährlösung und Nachgießen mit reinem Wasser.
Pflanzenschädigende gasförmige Stoffe: Bewirken braun- bis gelbfarbene Blattrandnekrosen. Bei starken Immissionen kann das Blattwerk innerhalb von Tagen oder gar Stunden grün abfallen oder abdorren. Üblicherweise kommt es aber erst nach Wochen und Monaten zu Nekrosen auf alten Blättern, ohne daß die jungen Blätter betroffen werden. Besonders gefährdet sind alle weichblättrigen Pflanzen, wie zum Beispiel Ficus benjamina und repens, und Pflanzen in Neubauten oder in Gebäuden, die umgebaut werden. Einige der heute im Bau verwendeten chemischen Stoffe wirken längere Zeit pflanzenschädigend.

Blätter fallen ab
Ursachen: Entweder Licht- oder Nährstoffmangel (siehe Seiten 83 und 84) oder aber Schädlingsbefall, unsachgemäße Verwendung von Spritzmitteln oder zu tiefe Temperaturen.
Schädlingsbefall: Sehr vielfältige Schadbilder, die oft nur von einem Fachmann erkannt und richtig gedeutet werden können:

Croton verliert Blätter: Die häufigsten Ursachen sind Lichtmangel und Spinnmilbenbefall. Kahlgewordene Crotonpflanzen können ins alte Holz zurückgeschnitten werden und treiben dann neu aus.

Oben: Blätter von Aglaonema. Oberes Blatt mit Verfärbungen durch Temperaturen unter 10° C unteres Blatt ist gesund.
Unten: Ficus benjamina. Typischer Schaden durch Spritzmittel am oberen Blatt; darunter zum Vergleich ein gesundes Blatt.

Blattverfärbungen, Blatteinrollen, Nekrosen (teilweises oder ganzes Absterben von Blättern). Häufigste Schädlinge sind Blattläuse, Rote Spinne und Thrips (siehe Seite 54f.).

Unsachgemäße Verwendung von Spritzmitteln: Im Laufe von ein bis zwei Wochen nach Beginn der Anwendung verfärben sich die Blätter langsam in Richtung Gelb, bis zuletzt nur noch die Blattnerven grün sind. Häufig entstehen diese Schäden auch durch falsche Verwendung von Blattglanz- und Pflanzenschutzsprays.

Zu tiefe Temperaturen: Meist begleitet von Wurzelfäulnis, führen zuletzt zum Absterben der gesamten Pflanze. Besonders gefährdet sind wärmebedürftige Pflanzen, wie zum Beispiel Ficus benjamina, in schlecht geheizten Räumen oder an zugigen Standorten nahe an Eingangstüren in der kalten Jahreszeit. Blattschäden durch Unterkühlung sind durch zu reichliches Lüften der Räume in den Wintermonaten möglich, wobei sich die Blätter schwarz färben. Handelt es sich um kühlere Standorte, sind nur die dafür geeigneten Pflanzenarten zu verwenden, oder dann ist unter dem Pflanzengefäß eine Bodenheizung anzubringen. Gefäße auf kalten Steinböden sind unbedingt mit einer Isolationsschicht zu unterlegen, damit keine Kältebrücke entsteht. Ist keine Zusatzheizung möglich, dann immer nur ganz niedrigen Wasserstand geben, d. h. Blähton wöchentlich einmal leicht überbrausen.

Pflanzen welken

Entweder zuwenig oder zuviel Wasser.

Zuviel Wasser: Bei Hydrokultur häufiger Fehler von Anfängern, die es «besonders gut» machen wollen und ständig bis zur Maximummarkierung oder gar darüber nachgießen. Führt zum Abfaulen der Wurzeln und zum Welken der Pflanze. In jedem Hydrokulturgefäß sollte der Wasserstandsanzeiger spätestens nach drei bis vier Wochen die Minimummarkierung anzeigen. Ist dies nicht der Fall, so wird zuviel Wasser gegossen, und es besteht die Gefahr, daß die atmungsaktiven Wurzeln durch Sauerstoffmangel zugrunde gehen. Wurde versehentlich einmal zuviel gegossen, so ist die Pflanze noch nicht verloren: Nährlösung sofort abgießen oder absaugen, Gefäß einige Tage austrocknen lassen, bevor wieder nachgegossen wird. In der ersten Zeit nur sparsam und ohne Nährstoffzugabe gießen, höchstens 1 cm über Minimummarkierung des Wasserstandsanzeigers.

Manchmal ist der Grund für abfaulende Wurzeln auch ein defekter Wasserstandsanzeiger. Bei Kleingefäßen ist der Wasserstandsanzeiger herauszunehmen und in einem Wasserglas zu kontrollieren. Ist er blockiert durch Körner von Ionenaustauschdünger oder Wurzeln, dann schütteln und Fremdstoffe wegwa-

schen. Bei Wasserstandsanzeigern in Großgefäßen Skala abheben und Schwimmer herausnehmen. Ist die Schwimmerkugel mit Wasser gefüllt, so muß der Wasserstandsanzeiger ersetzt werden.
Zuwenig Wasser: Tritt sehr selten auf, da auch nach dem völligen Austrocknen des Nährlösungsvorrates im Blähton noch genügend Feuchtigkeit für einige Tage vorhanden ist.

Wurzelfäulnis
Häufigste Ursache ist zuviel Wasser, aber auch zu tiefe Temperatur (siehe dort). Bei starker Wurzelfäulnis ist es am besten, die Pflanzen auszutopfen, alles verfaulte Wurzelwerk wegzuschneiden und die Pflanze wieder in frischen Blähton einzutopfen. Wenn alle geschilderten Maßnahmen nichts nützen, kann es aber auch sein, daß der Hydrogärtner, bei dem die Pflanze gekauft wurde, etwas falsch gemacht hat. Auch Gärtner sind nur Menschen! Besonders Pflanzen mit schwerem Habitus, wie z. B. Yucca, Sansevierien, verschiedene Kakteen usw., werden leider oft *viel zu tief* eingepflanzt. In der Gärtnerei spielt dies keine Rolle, weil ja hier bezüglich Ernährung, Licht, Wärme usw. die besten Verhältnisse herrschen. Erst an schlechteren Standorten kommen dann die Fehler zum Vorschein, zum Leidwesen des Konsumenten.
Sollten Pflanzen trotz aller Sorgfalt nicht richtig gedeihen, dann gehen Sie der Ursache im eigentlichen Sinne des Wortes auf den Grund und untersuchen Sie den Wurzelbereich genauer. Sollte das Wurzelwerk noch mit Erde oder mit einem anderen ungeeigneten Substrat behaftet sein, dann empfiehlt es sich, bei der Verkaufsstelle zu reklamieren. Sie leisten damit nicht nur sich selbst, sondern auch dem Verkäufer und der Hydrokultur einen großen Dienst!
Beim Einkauf von Hydropflanzen sollte man auch darauf achten, daß diese gut durchwurzelt sind. Dies erkennt man meistens an den durch die Schlitze des Einsatztopfes hindurchgewachsenen weißen Saugwurzeln. Braune und weiche Wurzeln sind meistens nicht mehr lebendig und deuten auf einen Kulturfehler hin.

SWEET CHILI
CHINA

Anzucht mit dem neuen Jungpflanzensystem

Pflanzen in Hydrokultur selber vom Samen oder Steckling aufzuziehen, ist der Wunsch jedes Hobbygärtners. Wenn das Pflänzchen richtig gedeiht, stellt sich jedoch oft das Problem des zu schnellen Wachstums. Oft wächst unser Pflänzchen, ohne daß wir dies wollen, «aus der Form». Wenn man die Pflanze rechtzeitig zurückschneidet, läßt sich dies verhindern. Man geht dabei gleich vor wie bei den Bäumen und Sträuchern im Garten oder bei den aus Japan stammenden Bonsai-Kulturen.

Schneidet man die Mutterpflanze rechtzeitig zurück, behält sie nicht nur ihre Form; aus den geschnittenen Stecklingen lassen sich auch neue junge Hydropflanzen heranziehen. Darüber Näheres auf den Seiten 56 bis 61 sowie 79 und 80.

Seit dem Erscheinen der ersten Auflage dieses Buches ist die Hydroanzucht-Technik nicht stehengeblieben. Forschung und Entwicklung haben Fortschritte gemacht. Die neuen Ergebnisse und Möglichkeiten sind in diesem Nachtrag enthalten.

Noch bis vor kurzem erhielt der Liebhaber von Hydropflanzen auf dem Markt Einsatztöpfe in der kleinsten Größe von 11 cm. Diese genügten auch meistens. Wollte man jedoch langsam wachsende Miniaturpflanzen wie z. B. Kakteen oder Sukkulenten ziehen, so fehlte das geeignete kleinere Hydrokulturgefäß. Auch in den Gärtnereien werden heute die meisten Pflanzen direkt in Hydrokultur vermehrt. Dies erspart Arbeitszeit, und zudem wird die Qualität verbessert. Die Pflanzen mit gröberen Samenkörnern sät man in feinen Blähton der Körnung 2—4 mm, jene mit feinerer Körnung in Perlite oder Vermiculit (siehe auch Seite 20). Sobald die Sämlinge kräftig genug sind, werden sie in kleine Gittertöpfe mit Blähton eingetopft. Stecklinge kommen von Anfang an in mit Blähton gefüllte Gittertöpfchen. Für die Anzucht von Jungpflänzchen hat der Gittertopf gegenüber den normalen Hydrokultur-Einsatztöpfen mit Schlitzen den Vorteil, daß die Wurzeln rund um den Gittertopf durch die Öffnungen heraussprießen, sobald die Jungpflanzen angewachsen sind.

1

2

3

4

Jungpflanzenanzucht in der Hydrokulturgärtnerei
1 *Palmensämlinge in feiner Substratmischung*
2 *Junge Palmensämlinge, je zwei Stück in Gittertöpfchen eingetopft*
3 *Saatschalen, mit feinem Blähton gefüllt*
4 *Stammstecklinge von Aglaonema mit Austrieben*

Besonders vorteilhaft ist aber auch, daß man beim Umtopfen in größere Töpfe den alten Topf nicht entfernen muß. Dies erspart nicht bloß Arbeitskosten; es erlaubt den Pflanzen auch weiterzuwachsen, ohne daß sie den durch das Umpflanzen üblichen Schock erleiden. Der Pflanzenliebhaber hat es jetzt wesentlich einfacher, Stecklinge im Gittertopf zu bewurzeln anstatt, wie früher beschrieben, im Wasserglas. Die Wurzeln tauchen bei der Hydrokultur bloß zu einem Drittel ins Wasser. Dadurch ist das Verhältnis zwischen Wasser- und Sauerstoffzufuhr ständig ideal geregelt.

Das Luwasa-Hydrokultur-Juniorgefäß
Dieses Gefäß besteht aus zwei Teilen, dem Gefäß und dem aufgesteckten Abdeckring. Der Wasserstandsanzeiger wird von unten in den Abdeckring eingeklemmt. Die Pflanze wurzelt im Gittertopf und hängt frei im Abdeckring. Auf diese Weise entsteht ein Hohlraum um den Gittertopf. Will man die Pflanze aus dem Gefäß heben, so kann man sie am Wasserstandsanzeiger mühelos samt dem Abdeckring herausziehen.

Die neuen Juniorgefäße bieten folgende Vorteile:
1. Gegenüber herkömmlichen Gefäßen beträgt der Wasservorrat das Drei- bis Vierfache. Der Wasserstandsanzeiger ist so konstruiert, daß, sobald der rote Stab auf der Anzeigeskala die Nullmarke anzeigt, der Wasservorrat im Gefäß noch bis unterkant Boden des eingehängten Gittertopfes reicht. Dies bedeutet, daß immer noch eine Wasserreserve vorhanden ist, wenn der rote Anzeigestab auf die Nullmarke abgesunken ist. Die kurzen Wurzeln einer jungen Pflanze erreichen das Wasser unter dem Gittertopfboden noch nicht. Wenn die Pflanze dann wächst, nimmt ihr Wasserbedarf zu. Sie taucht dann ihre Wurzeln in den unteren Teil des Gefäßes und kann diese zusätzliche Wasserreserve nutzen.
2. Die Oberfläche der Nährlösung wird zu zwei Dritteln durch einen Ring abgedeckt. Die durch die natürliche Kapillarität des Blähtons bewirkte Wasserverdunstung reduziert sich entsprechend.
3. Wegen des großen Hohlraums rund um den Gittertopf entwickeln sich die Wurzeln der Pflanzen besser. Trotzdem können sie längere Zeit im kleinen Gefäß belassen werden. Unter dem Gittertopf ist genügend Raum für die Junior-Nährstoffbatterie vorhanden. Mit ihr wird während vier bis sechs Monaten die Nährstoffversorgung der Pflanze sichergestellt.
4. Ideal für die Anzucht eigener Pflanzen; Versetzen der Jungpflanzen in größere Töpfe ohne Entfernung des Gittertopfes. Wegfall des Verpflanzungsschocks wie oben ausgeführt.
5. Das Juniorgefäß ist in den Größen 8 und 10 cm Durchmesser erhältlich.

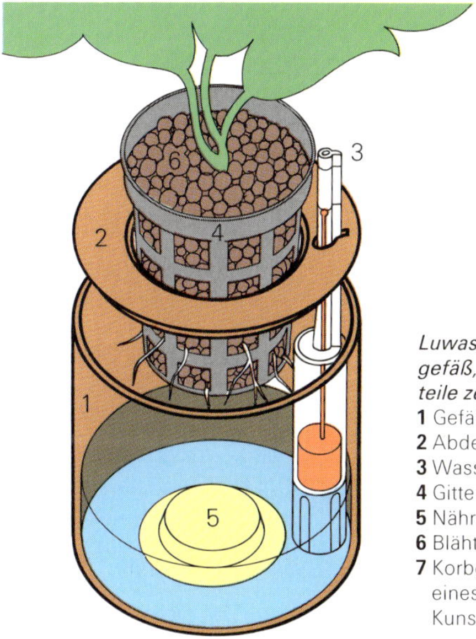

Luwasa-Hydrokultur-Juniorgefäß, in einzelne Bestandteile zerlegt

1 Gefäß
2 Abdeckring
3 Wasserstandsanzeiger
4 Gittertopf
5 Nährstoffbatterie
6 Blähton
7 Korbgeflecht für Aufnahme eines Juniorgefäßes aus Kunststoff

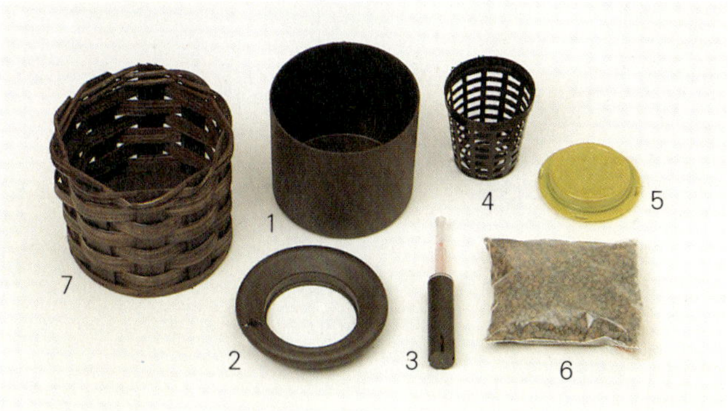

Anzucht von Jungpflanzen
Im Kapitel Pflanzenvermehrung auf den Seiten 56 bis 61 sind die verschiedenen Vermehrungsarten beschrieben. Stecklinge von kleinwüchsigen Pflanzen können wir direkt in die Gittertöpfchen stecken. Dabei müssen wir allerdings darauf achten, daß die Schnittflächen nicht verletzt werden. Feine Samenkörner werden zuerst in eine Aussaatschale (s. S. 59) ausgesät. Grobkörnige Körner stecken wir direkt in feinen Blähton.

Vorgehen bei der Bepflanzung
Wir sollten uns von Anfang an daran gewöhnen, bei der Bepflanzung ein Becken oder eine Schale als Unterlage zu verwenden. Vor allem die runden Blähtonkügelchen rollen dann nicht mehr dorthin, wo man sie lieber nicht haben möchte, nämlich unter Möbelstücke, auf den Teppich, wo sie beim Zertreten zu feinem Grieß werden, oder sogar in Abläufe, wo Verstopfungen nicht auszuschließen sind. Gittertöpfe füllen wir mit feinem Blähton randvoll und feuchten ihn unter dem Wasserhahn an (1). Je nach Pflanzenart bohren wir nun mit einem Bleistift eines oder mehrere Löcher in den Blähton (2). Mit zwei bis drei gleichzeitig eingesetzten Stecklingen oder Sämlingen erhält man buschigere Pflanzen. Der Steckling oder die Sämlinge werden in das Loch eingebracht, und dieses wird wieder durch leichtes Andrücken des Blähtons gut verschlossen. Die auf diese Weise bepflanzten Gittertöpfe stellt man anschließend in Einzelgefäße (3) oder Schalen (4) und gießt an, wobei wir dem Wasser bis nach der Wurzelbildung noch keine Vollnahrung beifügen.
Während der ersten Wochen wird nach der Bepflanzung ein durchsichtiger Plastiksack (beim Kauf eines Hobby-Sets die speziell für die Anzucht entwickelte Klarsichtverpackung) als Verdunstungsschutz über das Gefäß gestülpt. Für den gleichen Zweck leistet aber auch ein Zimmergewächshaus gute Dienste.

Rechts unten: Im Handel sind Hobbysets mit allem Zubehör für die Anzucht von Jungpflanzen erhältlich. Die Klarsichtpackung läßt sich mit wenigen Handgriffen in ein Mini-Gewächshaus umwandeln, welches den Anwachserfolg wesentlich begünstigt.

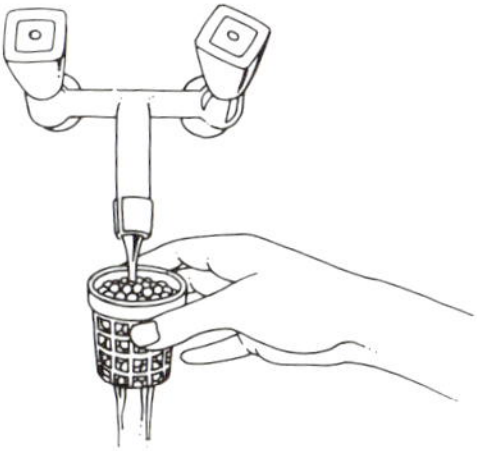

1

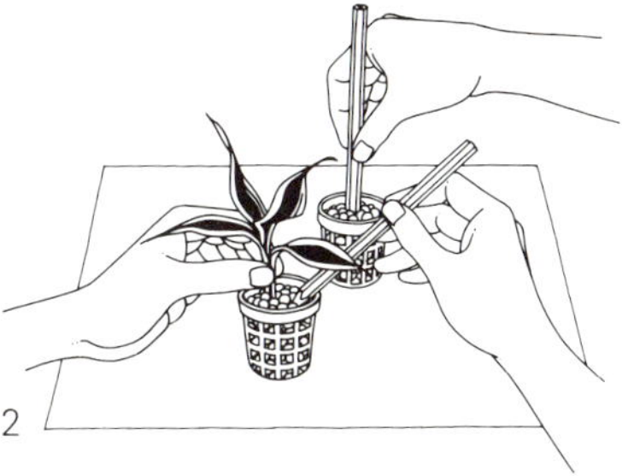

2

3

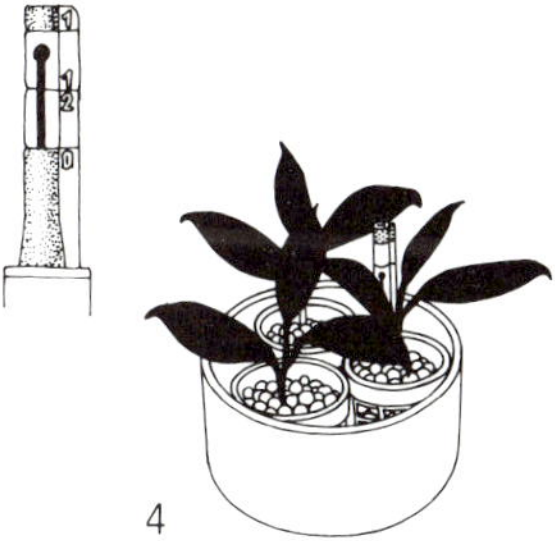

4

Durch regelmäßiges Lüften wird Fäulnis verhindert. Faulende Pflanzenteile muß man sofort entfernen.
Das Nachgießen von Wasser ist erst nötig, wenn der Wasserstand auf der Nullmarke angelangt ist. Sobald die neuen Wurzeln aus dem Topf herauswachsen, fügen wir dem Wasser Hydrokultur-Vollnahrung bei, entsprechend der Gebrauchsanweisung.

Yucca aloifolia des Verfassers: Zweijährige Pflanze, durch Aussaat in Blähton aufgezogen.

Siebenjährige Pflanze, aus Stecklingen aufgezogen (Mammilaria Zeilmanniana Forma Alba).

Der Standort

Jungpflanzen benötigen zum Einwurzeln einen warmen und hellen Standort. Besonders gut geeignet ist ein wenn möglich nach Norden oder Osten gerichteter Fenstersims. Bei sonnigen Standorten schützen wir die Jungpflanzen durch Schattieren vor der prallen Sonne. Zum Schattieren können leicht eingefärbte und durchbrochene Stoffarten oder Papier mit ähnlichen Eigenschaften vor das Fenster gehängt oder aufgeklebt werden.
Kakteen und Sukkulenten vertragen einen wesentlich helleren Standort auch bei der Anzucht.

Umstellen von Erd- auf Hydrokultur

Darauf sind wir auf den Seiten 62 bis 66 eingegangen. Für Kakteensammler ist das Umstellen von Erdkulturpflänzchen der schnellste Weg, um zu Pflanzen in Hydrokultur zu gelangen. Die Juniorgefäße haben die ideale Größe für Minikakteen, besonders wenn ihre Sammler ein einfaches Bewässerungssystem wünschen. Der Kakteenliebhaber kann auf den Erfolg zählen. Dank der regelmäßigen Nährstoff- und Wasserzufuhr wachsen die Kakteen und Sukkulenten mit Hydrokultur wesentlich freudiger als in Erdkultur. Bei der Umstellung von Erd- auf Hydrokultur schneidet man alle Wurzeln weg, wäscht den Stielgrund mit Wasser sauber und setzt die Pflanze ungefähr 1 cm tief in Blähton ein.

Pflege

Die Pflege von Jungpflanzen unterscheidet sich nicht wesentlich von derjenigen der übrigen Hydrokulturpflanzen. Hier einige Tips, die man beachten sollte.

Mit Körbchen kaschierte Junior-Kunststoffgefäße. Pflanzen von links nach rechts: Pachypodium, Kalanchoe, Euphorbia hermentiana, Mini-Saintpaulia und Hoya carnosa «Variegata».

RÖMERIN · MORAVIA
ALLES GOLD DER ERDE
Kneuss

Ganzseitiges Bild links:
Mit Gestellen verschiedener Größe und Höhe lassen sich phantasievolle Kombinationen von Topfpflanzen zusammenstellen.

Ganz oben: Eine Pflanze auf dem Arbeitstisch bietet dem Auge eine willkommene Abwechslung (Syngonium podophyllum).
Oben rechts: Mini-Saintpaulia und Ficus benjamina «Variegata».
Oben links: (von links nach rechts) Codiaeum, Ficus pumila, Euphorbia × lomi «Gabriela»

Gießen und Düngen

Jungpflanzen sind gegenüber einem hohen Wasserstand mindestens bis zu einer üppigen Bewurzelung weniger empfindlich als die übrigen Hydrokulturpflanzen. Der feine, verhältnismäßig stark kapillare (saugfähige) Blähton verhindert auch ein allzu rasches Austrocknen, wenn der Wasservorrat aufgebraucht ist. Aus diesen Gründen darf man bei Jungpflanzen und hellem Standort nach dem Absinken des Wasserstandes auch laufend bis zur Maximalmarkierung des Wasserstandsanzeigers auffüllen. Zur Ernährung wird ebenfalls flüssige Vollnahrung oder Langzeitvollnahrung in Nährstoffbatterien verwendet.

Wuchsbeschränkung

Pflanzensammler und -liebhaber, die über wenig Platz verfügen und deshalb vorzugsweise Miniaturpflänzchen halten, sind darauf angewiesen, daß ihre Pflanzen klein bleiben und daß sie nicht umgetopft werden müssen. In solchen Fällen werden auch oft langsam wachsende Pflanzen vorgezogen, die man mindestens an ihren kleinen Blättern erkennt. Auch das Licht beeinflußt das Wachstum. Bei geringerer Lichtstärke entfalten sich größere Blätter und geile Triebe; mehr Licht führt meist zu gedrungenem Wuchs und kleineren Blättern. Die meisten Pflanzenarten können an einen Standort mit viel Licht, z. B. an das Südfenster, ohne weiteres gewöhnt werden.
Eine andere Methode ist das häufige Kappen der Triebspitzen auf mindestens ein bis zwei Blätter. Dadurch entstehen viele Seitentriebe. Die Häufigkeit des Stutzens variiert je nach Standort und Pflanzenart. Schneidet man die oberirdischen Pflanzenteile zurück, so können zugleich die Wurzeln, welche über den Gittertopf hinauswachsen, um rund ein Drittel bis zur Hälfte zurückgeschnitten werden. Idealer Zeitpunkt dazu sind der Frühling und der Sommer.

Zur Zeichnung Wuchsbeschränkung:

1 *Sobald das Pflänzchen mindestens 4—5 Blätter aufweist, Kappen der Triebspitze auf mindestens 2—3 Blätter bzw. Blattpaare.*
2 *Junge Austriebe auf 2 Blätter oder 1 Blattpaar zurückstutzen.*
3 *Wird die Pflanze sehr buschig, so kann man sie auslichten, indem die alten und großen Blätter ausgebrochen werden.*

4 *Junge, nachwachsende Triebe sind laufend auf 1–2 Blätter bzw. Blattpaare zurückzustutzen.*

5 *Gleichzeitig mit der Entfernung der oberirdischen Pflanzenteile sind die Wurzeln mit der Schere oder, noch besser, einem scharfen Messer einzukürzen.*

Schalenbepflanzung

Aparte Arrangements in Schalen gehören während des ganzen Jahres, an besonderen Anlässen, an Fest- und Feiertagen zu den beliebtesten Geschenken. Doch schon nach wenigen Wochen weiß man oft nicht mehr, wie man die Pflänzchen pflegen soll. Die Moosbedeckung trocknet aus, man gießt zuviel oder zuwenig.

Mit dem neuen Jungpflanzensystem in Hydrokultur sind diese Schwierigkeiten behoben. In Gärtnereien werden deshalb oft fertige Schalen mit den vielen Vorteilen der Hydrokultur zu einem günstigen Preis angeboten. Kleinere und größere Pflänzchen werden samt dem Gittertopf in eine systembezogene Schale, die auf die Höhe der Gittertöpfe und den Wasserstandsanzeiger abgestimmt ist, hineingestellt. Dabei gehen wir wie folgt vor: Zuerst entscheiden wir uns für eine Leitpflanze, mit der wir in unserem Arrangement einen wirkungsvollen Akzent setzen. Dazu fügen wir, je nach Größe der Schale, ein bis zwei kleinere, halbhohe Pflanzen. Für die untere Bepflanzung eignen sich zusätzlich ein bis zwei flach wachsende Pflanzen, eventuell auch Hänger. Auch seltene Wildformarten von Blühern wie Saintpaulia (oder Usambara-Veilchen), Kalanchoe, Anthurium (oder Flamingoblume) werden auf dem Markt demnächst vermehrt angeboten.

Wenn einzelne Pflanzen in der Schale entweder zu groß werden oder aus der Form wachsen, kann man sie nach Belieben ergänzen oder auswechseln und in größere Gefäße umtopfen.

Linke Seite oben: Siebenjähriger Ficus benjamina mit drei Stämmchen, einst gleich groß wie derjenige rechts in einem Gittertopf mit 5 cm Durchmesser. Die Pflanze stand am Südfenster in einem zu kleinen Gefäß. Deshalb gehemmtes Wurzelwachstum!
Unten: Dank dem Gittertopf können Schalenpflanzen jederzeit in ein größeres Hydrokulturgefäß oder in eine Schale zu einer Pflanzengemeinschaft umgetopft werden.

Folgende Seite: Die Juniorgefäße 8 cm weisen die ideale Größe für Kakteen auf und ermöglichen einfachste Pflege.

Hydrokultur im Freiland

Wer einmal bei Zimmerpflanzen die Vorzüge der Hydrokultur zu schätzen gelernt hat, wird sich fragen, ob auch bei Freilandpflanzen in Trögen auf Balkonen, Terrassen und in Dachgärten eine erdelose Kultur möglich ist. Die Antwort ist ein eindeutiges Ja, wenn auch in Hydrokultur vorkultivierte Freilandpflanzen noch recht selten im Handel erhältlich sind. Aus diesem Grund werden vielerorts noch Erdkultursysteme mit Wasserspeichern eingebaut. Sie erlauben zwar längere Gießabstände, haben jedoch den Nachteil, daß sich die Erde im Laufe der Jahre zersetzt und zusammensackt. Die Hydrokultur-Substratmischung ist dagegen strukturstabil und verändert sich nicht.

Gefäße und Tröge

Für Freiland-Hydrokultur hat sich eine Innenhöhe von 20 bis 45 cm bewährt. Niedrigere Gefäße, z. B. die verbreiteten Balkonkistchen, haben zu wenig Platz für einen ausreichenden Wasservorrat. Im Gegensatz zur Zimmerpflanzen-Hydrokultur sind die Freilandgefäße mit zwei übereinander angeordneten Überlauföffnungen zu versehen. Diese müssen mindestens 10 mm weit sein und ab Innenboden folgende Höhenabstände aufweisen:
bei Gefäßhöhe 22 bis 25 cm: 45 mm/70 mm,
bei Gefäßhöhe ab 26 cm: 55 mm/90 mm.
Selbstverständlich müssen die Gefäße wasserdicht und säurefest sein. Betontröge müssen abgedichtet werden (siehe S. 34).

Substrat

Für Freilandzwecke hat sich eine Mischung aus Blähton mit Körnung 3 bis 10 mm und einem stark wasserabsorbierenden Hydrokultursubstrat (z. B. Perlit oder Tongranulat, wie es als Kleintierstreu usw. gebräuchlich ist) im Verhältnis 1:1 bewährt. Reiner Blähton könnte wegen der größeren Verdunstung im Freien zur Austrocknung der Wurzelhaare führen.

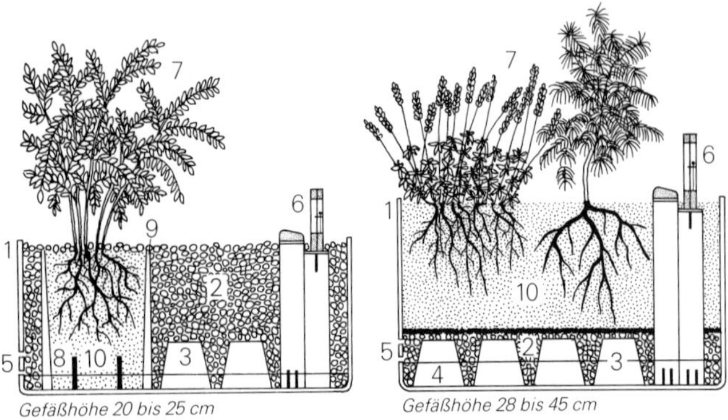

Bepflanzte Freiland-Hydrokulturgefäße im Querschnitt

1 Gefäß, wetterfest und säurebeständig
2 Blähton anstelle von Erde
3 Hohlkörper vergrößern das Flüssigkeitsvolumen
4 Nährlösung
5 Überlauflöcher
6 Wasserstandsanzeiger
7 vorkultivierte Hydropflanze
8 Einsatztopf zur Anzucht
9 Aussparung, zum Einsatztopf passend, ermöglicht müheloses Auswechseln und Drehen der Pflanzen
10 Substratmischung für Freiland

Bepflanzung

Die Überlauföffnungen müssen gut zugänglich sein. Darauf achten, daß sie nicht gegen die Fassaden gerichtet sind. Der Wasserstandsanzeiger mit Absaugrohr muß gut sichtbar und zugänglich sein.
In Gefäße von 20 bis 25 cm Innenhöhe werden fertig bepflanzte Einsatztöpfe in die dafür vorgesehenen Aussparungen gestellt. Höhere Gefäße werden bis rund 5 cm über die obere Überlauföffnung mit Blähton gefüllt. Der verbleibende Pflanzraum wird mit der Substratmischung für das Freiland aufgefüllt, in das die Pflanzen direkt eingesetzt werden. In beiden Fällen werden zuerst möglichst viele Blumentöpfe aus Ton oder Kunststoff mit einem Durchmesser von 8 bis 10 cm umgekehrt auf den Gefäßboden gestellt. Die verbleibenden Hohlräume werden mit gewaschenem grobkörnigem Blähton aufgefüllt.

Pflege

Nur bis zur 1/2-Marke auffüllen und immer erst nachgießen, wenn der Wasserstandsanzeiger auf Minimum steht. Bei Ferienabwesenheit oder wenn öfter als einmal pro Woche gegossen werden muß, kann die untere Überlauföffnung mit einem Gummizapfen verschlossen und das Gefäß bis zur Maximummarke aufgefüllt werden.

In hohen Trögen, wo die Gehölze und Stauden direkt ausgepflanzt werden, ist das Substrat in den ersten 5 Wochen zweimal wöchentlich direkt von oben zu übergießen. Während der Vegetationszeit, von Anfang April bis Ende Juli, ist dem Gießwasser immer flüssige Hydrokultur-Vollnahrung gemäß Dosierungsvorschrift beizufügen. Man kann auch im März/April und im Juni/Juli je einmal die erforderliche Dosis Hydrokultur-Langzeitvollnahrung geben.

Pflanzensortiment

Zwischen mehrjährigen Gehölzen, Rosen und Stauden können auch Saisonblüher gepflanzt werden. In Gefäßen bis 25 cm Innenhöhe müssen dann entsprechende Aussparungen vorgesehen sein.

Frühlingsblühende Blumenzwiebeln werden im Oktober eingepflanzt. Knollenbegonien und Dahlienknollen werden im Zimmer in Hydrokultursubstrat angetrieben.

Sommerpflanzen können von Erd- auf Hydrokultur umgestellt werden.

Ideal sind bereits im April im Zimmer vorkultivierte Jungpflanzen. Pflanzen, die in voller Blüte stehen, insbesondere Geranien und Petunien, sollten nicht mehr umgestellt werden.

Auch Gehölze und Stauden lassen sich umstellen, am besten im April, kurz vor dem Austrieb. Über das Vorgehen siehe S. 62 ff.

Folgende Seite:
Oben: 14jährige Hydrokulturanlage auf einem Südbalkon. Unten: Atriumgarten mit Freiland-Hydrokulturpflanzung. Beachten Sie die beiden Überlauföffnungen an der Pflanzenwanne rechts.

Register